Chroniques de science improbable

Pierre Barthélémy

Chroniques de science improbable

Illustrations de Marion Montaigne

DUNOD Le Monde

Ces chroniques ont été publiées dans le supplément
« Science et Techno » du Monde
de septembre 2011 à novembre 2012

Illustrations de couverture et de l'intérieur : Marion Montaigne

ISBN 978-2-10-058533-5

À mon fils Éloi,
si souvent mon premier lecteur

Sommaire

Sommaire

Petite introduction à la science improbable

Vous venez de laisser tomber votre tartine du matin par terre et c'est évidemment la face beurrée qui s'est écrasée sur le carrelage/tapis persan/dos du chien. Ne pestez pas. Vous devriez savoir que les lois de l'Univers sont contre nous et que la loi de la-tartine-beurrée-qui-tombe-du-mauvais-côté en constitue la plus éclatante des preuves. Vous devriez savoir qu'un chercheur l'a *vraiment* testée et a *vraiment* publié son compte rendu. Et si vous l'ignorez, ce livre est pour vous, qui propose un cours de rattrapage en science improbable.

Mais au fait, la science improbable, qu'est-ce ? Il y a deux manières de définir ce domaine très particulier. La première, acide voire méchante, y jette les travaux et recherches apparemment grotesques que l'on n'aurait jamais dû entreprendre ni publier. Et qu'il ne faut reproduire sous aucun prétexte. Comme s'il s'agissait là d'une perte de temps et d'une caricature de science, laquelle, rappelons-le, ne doit répondre qu'à des questions sérieuses. Non, non et non, les chercheurs ne doivent pas chercher dans les clubs de strip-tease si les femelles de l'espèce *Homo sapiens* ont, comme d'autres animaux, une période de chaleurs, ils ne doivent pas essayer de comprendre pourquoi Dupont et Dupond tournent en rond dans le désert, ils ne doivent pas dépenser de l'énergie à calculer les températures du paradis et de l'enfer. Ils ne doivent pas !

Mais on peut aussi prétendre que toutes les questions, même les plus stupides en apparence, sont bonnes à poser et que la science improbable sert précisément à répondre à ces questions-là. Si la tartine tombe plus souvent du côté beurré, c'est parce qu'il y a une raison et celle-ci est beaucoup plus profonde que vous ne le croyez... Je préfère cette seconde définition et voir la science improbable comme une façon comique d'interroger la méthode scientifique.

Chaque année, et ce depuis 1991, la remise des prix Ig Nobel est à la science improbable ce que le Goncourt est à la littérature francophone et la palme du plus gros mangeur de saucisses au camping de Trifouilly-les-Oies : l'occasion d'une consécration. La cérémonie se déroule dans le cadre du théâtre Sanders, au sein de la prestigieuse université Harvard. S'il fut un temps où l'on craignait de recevoir un ignoble Ig Nobel en raison de la part de ridicule qui y est attachée, le sens de l'humour a fini par l'emporter et c'est désormais de bonne grâce que les heureux élus montent sur scène pour y être acclamés (et parfois aussi pour justifier les raisons profondes de leurs travaux). Dans la cuvée 2012, on a trouvé pêle-mêle la physique de la queue de cheval (Ig Nobel de physique), une machine qui vous force à vous taire en vous renvoyant vos derniers mots (acoustique), une étude cherchant à comprendre pourquoi, lorsqu'on marche avec une tasse, le café se renverse (dynamique des fluides), la manière dont les chimpanzés identifient leurs congénères en contemplant des photos de leur derrière (anatomie) ou bien un article expliquant que la tour Eiffel semble plus petite quand on la regarde en se penchant vers la gauche (psychologie)...

Les lauréats dans la catégorie des neurosciences illustrent à merveille la manière humoristico-poétique dont je préfère voir la science improbable. Dans un article publié en 2010 par le *Journal of Serendipitous and Unexpected Results*, cette équipe américaine a expliqué avoir soumis un saumon mort à une IRM fonctionnelle. Cet examen consiste à détecter les zones de cerveau qui sont stimulées par un exercice, en mesurant les variations du flux sanguin dans l'encéphale. En général, cela fonctionne mieux avec les humains vivants qu'avec les poissons décédés… Il n'empêche. Pour cette expérience, en guise de stimulation on montrait des photos d'humains au poisson et on lui demandait de déterminer quelles émotions les visages exprimaient. Résultat du test : sur les images du cerveau obtenues, une petite zone s'est effectivement « allumée » dans la tête du saumon trépassé. Et les auteurs d'arriver à la conclusion suivante : ou bien leur travail a mis en évidence un phénomène qui va révolutionner l'ichtyologie si ce n'est la biologie tout entière, ou bien… le protocole expérimental standard qu'ils ont employé s'avère incapable d'éliminer des faux positifs !

C'est tout le charme de la science improbable : provoquer le sourire d'abord (car sous la blouse blanche du chercheur, il y a aussi, parfois, un clown en puissance) et la réflexion ensuite. Et s'apercevoir que, sous l'apparente bêtise d'un test loufoque, il y a avant tout l'envie profonde de faire avancer la recherche.

Depuis 2011, j'explore ce continent de la science improbable à travers une chronique que j'écris chaque semaine pour le supplément Science du *Monde* et dont on trouvera ici une compilation. Je profite de ces dernières lignes d'introduction pour remercier toute l'équipe de ce supplément – et en particulier Hervé Morin – de me laisser, semaine après semaine, semer quelques graines d'absurde dans cette publication impeccablement tirée au cordeau.

Pierre Barthélémy

La femme en chaleur se mesure en dollars

La femme a-t-elle perdu l'œstrus ? Alors que les femelles des autres espèces de mammifères ont ce que l'on appelle communément leurs « chaleurs », lesquelles indiquent qu'elles sont prêtes à être fécondées, on considère que cette période d'attractivité sexuelle a disparu chez *Homo sapiens* au cours de son évolution. Ou que cette part de bestialité qui rend ces dames émettrices de signaux et ces messieurs récepteurs desdits signaux est bien cachée au plus profond de nous.

Dans ce qui est devenu un petit monument de la science improbable, terme sous lequel on range ces études saugrenues en apparence mais qui donnent à réfléchir une fois passé le moment de rigolade, trois chercheurs américains de l'université du Nouveau-Mexique sont allés débusquer l'œstrus là où il avait le plus de chances de se trouver, à savoir dans les clubs pour hommes où des hôtesses presque nues pratiquent le « lap dance ». Pour le mettre en évidence, ces scientifiques ont eu l'idée de relier les gains des danseuses à leur cycle menstruel. Aux États-Unis, la femme en chaleur se mesure forcément en dollars.

> « Sur des cycles moyens de 28 jours, un pic flagrant de pourboires surgit dans les jours qui précèdent l'ovulation »

L'expérience a été décrite en 2007 dans la revue *Evolution and Human Behavior*, en des termes parfois savoureux. En préambule, les auteurs écrivent ainsi : *« Étant donné que les universitaires peuvent ne pas être familiers de la sous-culture des clubs masculins, des éléments de contexte sont sans doute bienvenus pour comprendre pourquoi il s'agit d'un cadre idéal pour enquêter sur les effets de l'attractivité de l'œstrus féminin dans le monde réel »*, c'est-à-dire ailleurs que dans un laboratoire… Les chercheurs ajoutent, pour évoquer les signaux envoyés aux clients des clubs, que les hôtesses *« se parfument très peu mais ont souvent des implants mammaires, se teignent les cheveux, taillent leurs poils pubiens, rasent leurs jambes et leurs aisselles et adoptent un « nom de scène » différent de leur prénom réel »*. Autant de détails que l'on ne retrouve que trop rarement dans les comptes rendus de recherches.

Le pourboire est perçu pour une « lap dance », danse de contact en français, au cours de laquelle la femme, seins nus, s'assied et se trémousse, de face ou de dos, sur les cuisses et le bas-ventre de son client qui n'a pas le droit de poser les mains sur elle. Les dix-huit volontaires de l'expérience ont, au total, donné des renseignements sur 296 séances de travail (soit environ 5 300 danses de contact), étalées sur deux cycles menstruels. Les résultats montrent, selon les chercheurs, que l'œstrus n'a pas disparu. Sur des cycles moyens de vingt-huit jours, un pic flagrant de pourboires surgit dans les jours qui précèdent l'ovulation, durant lesquels les danseuses touchent en moyenne 354 dollars par séance de cinq heures (de quoi donner à certaines chercheuses l'idée de se reconvertir). Soit 170 dollars de plus que pendant les règles et 90 dollars de plus que lors de la période lutéale, qui suit l'ovulation. Par ailleurs, les chercheurs ont constaté que les danseuses prenant la pilule (qui empêche l'ovulation) présentaient une courbe de rémunération plus stable… et un net manque à gagner.

Pour eux, c'est la première preuve par l'économie que l'œstrus est toujours présent dans l'espèce humaine. Reste à savoir comment il se manifeste. D'autres études de psychologie suggèrent que des changements dans la silhouette, l'odeur corporelle, l'attractivité du visage, la créativité verbale et la volubilité trahissent cette phase de « chaleurs ».

Comment embarquer au plus vite dans un avion

« L'embarquement commencera par les passagers des rangs 18 à 24. » Vous avez perdu à la loterie des billets d'avion et hérité d'un siège au fond de l'appareil. Une fois dans la cabine, vous avancez vers votre place mais voilà que vous êtes bloqué. Dans l'allée centrale trône l'inévitable dame dont la taille est inférieure au tour de hanches et qui essaie désespérément de caser dans le compartiment à bagages le sac de voyage contenant l'enclume qu'elle destine à son cousin bricoleur. Comme on a confisqué votre démonte-pneu lorsque vous êtes passé sous le portique détecteur de métaux, vous ne pouvez vous frayer de chemin jusqu'à votre siège et vous êtes obligé d'attendre ou – pire – d'aider la matrone. Derrière vous s'accumulent les passagers. La dame finit par se coincer

Comment embarquer au plus vite dans un avion

dans le siège du milieu et à ce moment-là, vous vous apercevez que vous êtes censé occuper la place voisine, côté hublot…

Au lieu de songer à faire un sort à cette pauvre femme, vous devriez reporter votre énervement sur celui qui a inventé l'embarquement par blocs. C'est du moins ce qui ressort d'une expérience réalisée par l'Américain Jason Steffen, rendue publique en août sur le site arXiv et soumise au *Journal of Air Transport Management*. Astrophysicien au célèbre Fermilab, Steffen semble avoir, toute sa vie, rêvé d'être une hôtesse de l'air, car, depuis 2008, il se passionne à ses heures perdues pour le problème du remplissage des avions. Au point d'avoir inventé une technique d'embarquement qu'il a donc comparée avec celles employées par les compagnies aériennes. Pour ce faire, il s'est servi d'une carlingue d'avion utilisée comme studio pour le tournage de films à Hollywood. Douze rangées de six places d'un côté, 72 volontaires sans armes mais avec bagages de l'autre.

Cinq jeux de billets répartis entre les pseudo-passagers pour tester cinq types d'embarquement : la méthode des blocs ; celle de la pyramide inversée où les passagers situés côté hublot au dernier rang entrent les premiers, suivis de leurs voisins du milieu et des voyageurs côté allée, le rangement des corps se poursuivant rang après rang ; la méthode Wilma où tous les passagers des hublots s'installent en même temps, précédant ceux du milieu et ceux de l'allée ; l'embarquement sans ordre aucun ; et la méthode Steffen. Croisement entre la pyramide inversée et Wilma, elle fait entrer en premier les passagers hublot du côté gauche de l'avion et de rang pair. Séparés les uns des autres par une rangée de sièges, ils ont tous assez d'espace pour ranger leurs bagages. Puis viennent ceux du côté droit, ceux des rangs impairs, ceux du milieu, etc. Le but est de limiter au maximum les interférences entre êtres humains.

> « La stratégie des blocs, qu'emploie une majorité de compagnies aériennes, est évidemment… la plus longue. »

Le chronomètre a parlé. La stratégie des blocs, qu'emploie une majorité de compagnies aériennes, est évidemment… la plus longue. Même l'embarquement au hasard est plus efficace. Quant à la méthode Steffen, elle s'avère la plus rapide, y compris lorsqu'on inclut le temps de classement des voyageurs dans la salle d'embarquement. Pour un petit avion de soixante-douze places, elle fait gagner trois minutes et seize secondes par rapport aux blocs. Tout ça pour ça ? Le résultat n'est pas si dérisoire. En 2010, trente millions de vols commerciaux ont zébré les cieux. Sachant qu'une minute supplémentaire au sol coûte 30 dollars par avion, ces 3 min 16 s représentent, au bout d'un an, presque trois milliards de dollars…

Le bâillement de tortue est-il contagieux ?

« Un bon bâilleur en fait bâiller deux », prétend le dicton. Chez l'humain, plusieurs études ont montré que, pour au moins une personne sur deux, regarder quelqu'un bâiller ou imaginer un bâillement suffisait à provoquer le phénomène (mettez la main devant votre bouche, je vous vois). Pour l'heure, trois hypothèses sont avancées pour expliquer cette contagiosité. La première dit qu'il s'agit d'un automatisme, une sorte de réflexe mécanique provoqué par l'observation d'un bâillement. La deuxième, plus subtile, évoque un effet caméléon, un mimétisme inconscient. Quant à la troisième, elle met en scène l'empathie, cette aptitude qu'ont certains à se mettre à la place des autres et à ressentir la même chose qu'eux.

Le rôle du bâillement n'étant pas mieux compris que sa communication, on nage dans un océan d'incertitudes, ce qui est intolérable pour tout scientifique normalement constitué. Une équipe européenne a donc craqué et produit une étude qui, le 29 septembre 2011, a reçu un Ig Nobel, prix parodique destiné à distinguer les plus improbables des recherches. L'article en question venait d'être publié dans le numéro d'août de la revue *Current Zoology* mais, au regard des sommets d'improbablologie qu'il atteint, il eût été injuste de ne pas le récompenser illico presto. Ses auteurs sont partis du principe que si le bâillement était contagieux chez une espèce dont les capacités cérébrales restreintes n'autorisent ni le mimétisme

Le bâillement de tortue est-il contagieux ?

« L'expérience consistait à faire bâiller une tortue en face d'une autre et à vérifier si la congénère se mettait à bâiller à son tour. »

ni l'empathie, la première hypothèse serait validée.

Restait à trouver la bonne espèce. Le bâillement communicatif a été décrit chez les chimpanzés ainsi que chez des macaques et des babouins. Il fallait donc viser un cerveau plus rudimentaire que celui de ces singes tout en s'assurant que l'animal sélectionné était capable d'observer attentivement ses congénères. C'est ainsi que la tortue charbonnière à pattes rouges a été choisie. Ce reptile se repose beaucoup sur son système visuel et il bâille en adoptant une posture qui ne peut être confondue avec aucune autre : bouche grande ouverte, tête en arrière, cou étiré.

L'expérience consistait à faire bâiller une tortue en face d'une autre et à vérifier si la congénère se mettait à bâiller à son tour au cours des minutes suivantes. Le hic, c'est que ces animaux ne bâillent pas sur commande. Les agences d'intérim n'ayant pas de spécialiste sous la main, les chercheurs ont donc dû former Alexandra, une demoiselle tortue, grâce à un système de récompenses. Cela a pris six mois. On imagine le dialogue dans la cour de récréation. Et ton papa, il fait quoi ? Il est scientifique mon papa, il apprend à bâiller à une tortue…

Quand Alexandra fut devenue une « pro » du bâillement provoqué, l'équipe mena plusieurs tests en la mettant en présence d'autres tortues. Alors oui, il arriva à certaines de bâiller en retour, mais pas plus que d'ordinaire. Peut-être une manière de dire : *« Je m'ennuie. Quand s'arrête cette expérience parce qu'il y a bientôt un épisode des Tortues ninjas à la télé ? »* L'étude suggère donc que les mécanismes à l'œuvre derrière la contagion du bâillement sont plus complexes qu'un simple réflexe en miroir. Restent les hypothèses de l'effet caméléon ou de l'empathie. Étant donné que les tueurs en série sont en général dépourvus de celle-ci, permettons-nous de suggérer une autre étude improbable, consacrée à la communication du bâillement chez les « serial killers ».

Quelle barre de chocolat fait le meilleur os

Dans la série télévisée « House », l'antipathique et génial médecin interprété par Hugh Laurie utilise fréquemment métaphores et analogies pour expliquer ce qui va de travers dans l'organisme de ses patients, essentiellement parce qu'il considère ses collègues – et plus encore les malades – comme trop stupides pour suivre ses raisonnements : *« OK, la tumeur, c'est Al-Qaïda. On entre et on nettoie tout… »*

Dans la vie hospitalière non-télévisée, les vrais médecins agissent de même – mais avec les formes – et trouvent souvent des comparaisons astucieuses pour éviter le jargon scientifique. Une bonne image vaut mieux qu'un long discours, mais encore

« Les médecins comparent l'intérieur d'un os sain avec la structure spongieuse et resserrée du Crunchie. »

faut-il qu'elle soit correcte. C'est en résumé ce que s'est dit une équipe d'un hôpital gallois, habituée à voir les médecins comparer la structure des os avec celle de certaines barres chocolatées. Pour comprendre cette étude parue en 2007 dans le *British Journal of Medicine* (BMJ), il faut se familiariser avec deux succès de confiserie outre-Manche mais quasiment introuvables en France : le Crunchie, de la marque Cadbury, et l'Aero fabriqué par Nestlé. Le premier est un toffee croquant en nid d'abeilles recouvert de chocolat tandis que le second est une barre de chocolat au lait dans laquelle ont été injectées des bulles d'air, d'où son nom.

Pour les sujets de Sa Majesté, il est parlant que les médecins comparent l'intérieur d'un os sain avec la structure spongieuse et resserrée du Crunchie tandis que les grosses alvéoles contenues dans l'Aero évoquent l'ostéoporose, cette altération de l'architecture osseuse qui entraîne une fragilisation du squelette. Pour le faire court, les os Crunchie sont plus solides que les os Aero. Mais ce qui est vrai visuellement l'est-il sur le plan de la physique des matériaux de confiserie ? Si Elisabeth II avait des fémurs en Crunchie, résisterait-elle mieux aux chutes qu'avec du chocolat aéré dans les jambes ?

À question improbable, expérience rigolote. Les auteurs de l'article paru dans le BMJ ont donc, sur leurs deniers personnels, fait l'acquisition de dix exemplaires des deux produits. Ils précisent, non sans humour, que *« le nombre de barres fut limité par les fonds alloués à cette recherche »*. L'environnement retenu fut un sol carrelé représentatif des lieux où bon nombre de fractures se produisent (sur des os véritables). Les confiseries avaient été maintenues pendant huit heures à température ambiante et se trouvaient en équilibre thermique avec la pièce. Dans ce genre de tests, il ne faut rien laisser au hasard. L'expérience consista donc à faire tomber les barres d'une hauteur de plus en plus importante (30 cm ajoutés à chaque essai) et à mesurer les dégâts.

Il fallut vite se rendre à l'évidence : malgré sa structure apparemment plus dense, le Crunchie s'avéra bien plus fragile que son homologue rempli de bulles. À partir de 1,2 mètre de hauteur, tous les Crunchies se brisèrent systématiquement, tandis que 40 % des Aeros tinrent le choc, et ce jusqu'à la hauteur de 2,1 m qui marqua la fin de l'expérience. La résistance des barres, tout comme celle des os, ne dépend pas que de leur densité. Il est probable que la teneur plus importante en chocolat et en protéines des Aeros leur a conféré une meilleure absorption des chocs. La métaphore était donc mauvaise et il faudra trouver autre chose. Le scone et le muffin ?

Les lois de l'Univers sont contre nous

« Si quelque chose peut mal tourner, cela tournera mal. » Établie de manière empirique à la fin des années 1940 par un ingénieur de l'US Air Force qui lui donna son nom, la loi de Murphy, ou loi de la guigne maximum, est dotée d'amusantes extensions dont la plus célèbre est sans nul doute la loi de la tartine beurrée, qui s'énonce ainsi : *« La tartine tombe du côté du beurre. »* D'aucuns expliquent instinctivement le phénomène en disant que la couche de matière grasse provoque une dissymétrie du moment d'inertie du toast ou de son aérodynamique. En réalité, dans une étude aussi pleine de science que d'humour britannique, publiée en 1995 dans l'*European Journal of Physics,* Robert Matthews a montré que le beurre, si déterminant pour le goût, n'était que quantité négligeable dans l'histoire : si la tartine atterrit du mauvais côté, c'est tout simplement, prouve cet article, parce que les lois de la Nature sont contre nous. L'examen de la chute de la tartine beurrée met en lumière le caractère profondément maléfique de l'Univers. On s'en doutait à regarder le journal télévisé mais une preuve scientifique vaut mieux qu'une supputation.

Robert Matthews passe au crible la dynamique du toast tombant d'une table. Glissement, friction, rotation, tout y passe. La première conclusion est que la tranche de pain (de baguette ou de pain de mie, les deux sont étudiés) n'a en général pas le temps de faire un tour complet. On aurait pu s'arrêter là et passer au corollaire de cette loi, à savoir *« la probabilité pour qu'une tartine tombe du côté beurré est directement proportionnelle au prix du tapis »*. Mais Robert Matthews s'intéresse à la physique et non à l'économie et il aime visiblement aller au fond des problèmes.

« Si l'homme marchait à quatre pattes, il ne risquerait pas, même en mesurant plus de trois mètres, de se briser le crâne à la moindre gamelle. »

Comme on peut s'en apercevoir en lisant les formules dont son article est émaillé, l'élément principal qui provoque le drame de la tartine, si l'on met de côté votre maladresse ou le fait que vous n'auriez pas dû vous rincer à la vodka hier soir, est la hauteur de la table. Or, celle-ci est directement déterminée par la taille de l'humain moyen, qui est elle-même le résultat de l'évolution. La bipédie que nos lointains ancêtres ont acquise il y a quelques millions d'années est un facteur limitant de notre taille pour des raisons de sécurité : si l'homme marchait à quatre pattes, il ne risquerait pas, même en mesurant plus de trois mètres, de se briser le crâne à la moindre gamelle. La hauteur de la table dépend donc de la résistance de nos os à la chute, donc de la structure de la matière, donc de la masse du proton et de l'électron ainsi que de la constante de la structure fine qui régit la force électromagnétique assurant la cohérence des atomes. Sont aussi impliquées la vitesse de la lumière (pour le calcul de l'énergie) et les lois de la gravitation. Au final, tous les organismes humains sont *destinés* à expérimenter à leurs dépens la loi de Murphy appliquée à la tartine, ce en raison des constantes fondamentales de l'Univers fixées lors du Big Bang.

Pour confirmer son étude, Robert Matthews a, en 2001, fait effectuer un immense test en recrutant des écoliers dans tout le Royaume-Uni. Sur plusieurs milliers de chutes de tartines, 62 % de celles-ci ont atterri côté beurré, ce qui est significativement plus que ce que le pur hasard autoriserait. Et il y a une explication pour les 38 % qui ont fini à l'endroit : on avait beurré le mauvais côté.

Lire aux toilettes est-il bon pour la santé ?

Des confins de l'Univers aux sex-clubs, nul lieu n'échappe à la science. Les toilettes ne font pas exception. Là où le roi croit aller seul, les chercheurs l'accompagnent. De nombreux aspects des habitudes défécatoires ont ainsi été explorés pour déterminer leur impact sur les problèmes de santé que sont la constipation et les hémorroïdes. Mais une de ces habitudes a longtemps souffert d'un déficit d'attention de la part du monde scientifique : lire dans les lieux d'aisances. Un bref débat avait bien, en 1989, occupé les colonnes de la célèbre revue médicale *The Lancet*. Un article accusait la lecture de nuire à l'effort de poussée. L'intellect ne doit pas interférer avec les actes physiques primaires : il ne faut pas lire à table, aux WC, en faisant l'amour ou en jouant au football. Un autre article prétendait le contraire.

Une étude israélienne parue en 2009 dans *Neurogastroenterology & Motility* a voulu en avoir le cœur net. L'équipe de six médecins a envoyé un questionnaire à un échantillon

> « Le portrait-robot du bibliophile de goguenots décrit un homme plutôt jeune, diplômé et laïc. »

représentatif de la population israélienne comprenant quelque cinq cents adultes. On demandait aux personnes interrogées si elles lisaient aux toilettes, le temps qu'elles passaient sur le trône, le nombre de fois où elles s'y rendaient, la vigueur de leur transit, l'état de leur anus et une caractérisation de leurs selles, ce grâce à la célèbre échelle de Bristol. Celle-ci note de 1 à 7 la forme et la consistance de la production intestinale, du petit gravier à la lavasse, en passant par le bien moulé.

Le résultat de ce sondage un peu particulier est… d'une extrême banalité. La moitié de l'échantillon considère le petit coin comme un cabinet de lecture. Le portrait-robot du bibliophile de goguenots décrit un homme plutôt jeune, diplômé et laïc. En revanche, les femmes, les personnes âgées, les agriculteurs, les ouvriers et les fervents croyants sont moins enclins à bouquiner dans cet endroit. Mais peut-être cela n'est-il que le reflet banal des habitudes de lecture des uns et des autres… Pour en revenir à la question « Lire aux toilettes est-il bon pour la santé ? », l'étude doit conclure par un « ni oui ni non ». Un chouïa de constipation en moins pour les lecteurs mais un tantinet d'hémorroïdes en plus. Rien de significatif à la grande déception des auteurs qui, ayant émis l'hypothèse que la lecture agissait comme un relaxant, auraient adoré soigner les constipés avec du Proust ou du Joyce.

Ils ont dû conclure que le livre ou le journal n'avait pas, dans ce cadre-là, de vertu thérapeutique et servait uniquement

Lire aux toilettes est-il bon pour la santé ?

à passer le temps. Ils rejoignent ainsi en pensée Lord Chesterfield qui, dans ses *Lettres à son fils,* décrit *« un homme qui était si bon ménager de son temps qu'il ne voulait pas même perdre cette petite portion que la nature l'obligeait de passer à la garde-robe ; mais il employait tous ces moments-là à repasser tous les poètes latins. Il achetait, par exemple, une édition ordinaire d'Horace, dont il déchirait successivement quelques pages, les emportait avec lui dans cet endroit, commençait par les lire et ensuite les envoyait en bas* (...). *C'était autant de temps de gagné ; je vous recommande fort de suivre cet exemple. Cette occupation vaut mieux que de se contenter de ce dont on ne peut absolument se dispenser pendant ces moments-là. »*

Merci d'être allé(e) au bout de cette chronique scatologico-littéraire. N'oubliez pas de tirer la chasse.

Saint Tiger Woods, puttez pour nous !

Crénom de nom ! Vous venez de rater : 1/ la volée la plus facile de votre vie ; 2/ un penalty face à un gardien de but aveugle et manchot ; 3/ un putt de 9,5 cm. Et vous voilà en train d'inspecter, furibard(e), votre raquette de tennis, le bout de vos chaussures de foot ou ce club de golf maléfique qui vous a pourtant coûté le salaire moyen d'un Chinois. Vous avez raison, vous n'êtes pas nul(le), c'est le matériel qui est coupable. Pas parce que vous ne l'avez pas payé assez cher, mais parce qu'il n'a pas été béni par les dieux du stade… En effet, le meilleur moyen d'améliorer rapidement vos performances consisterait à utiliser du matériel ayant appartenu à un champion. C'est du moins ce que l'on peut conclure à la lecture d'une étude américaine publiée le 20 octobre 2011 par PLoS ONE. Ses auteurs ont voulu voir s'il était possible de transposer au sport le concept de « contagion positive », cette croyance selon laquelle des propriétés bénéfiques peuvent être transmises d'un objet à une personne. Les reliques sportives ont-elles un effet placebo ? Chausser les crampons de Zinedine Zidane va-t-il faire de vous le roi de la « roulette », du passement de jambes et du coup de boule ?

« Chausser les crampons de Zinedine Zidane va-t-il faire de vous le roi de la « roulette », du passement de jambes et du coup de boule ? »

Pour répondre, ces chercheurs ont recruté quarante étudiants de l'université de Virginie. Tous golfeurs amateurs, ils ont répondu à un questionnaire sur leur pratique sportive et deux groupes de vingt personnes ont été formés. Le test consistait à les placer sur un tapis d'entraînement, à un peu plus de deux mètres du trou, à leur faire évaluer le diamètre dudit trou en le dessinant sur un ordinateur, à les échauffer avec trois essais puis à les faire putter dix fois chacun. Les vingt premiers joueurs servaient de groupe témoin tandis que les vingt autres étaient, sans le savoir, les « cobayes ».

À ceux-ci, l'expérimentateur expliquait, avant de commencer le test, qu'ils allaient se servir d'un club ayant appartenu à

Ben Curtis, golfeur professionnel américain, vainqueur en 2003 du British Open, un des tournois du grand chelem. Évidemment, le club n'avait jamais été la propriété du joueur mais comment imaginer qu'un scientifique vous raconte des bobards… Pendant environ trente secondes, celui-ci vérifiait que le nom de Ben Curtis n'était pas inconnu des participants, relatait ses derniers exploits sur le circuit, vantait son talent et disait à quel point cela serait « sympa » de jouer avec son putter.

Le groupe des « pros » par procuration l'emporta haut la main sur le groupe témoin, qui se servait pourtant du même club. Les « cobayes » commencèrent par dessiner un trou plus gros que les autres. Or, on sait que, dans les sports de visée, du ball-trap aux fléchettes, les plus performants perçoivent la cible comme plus grosse que les moins doués. Avant d'avoir tenu en main le pseudo-club du champion, les joueurs avaient donc déjà une confiance inconsciemment décuplée. À raison. Sur les dix balles, 5,3 en moyenne finirent au fond du trou lorsqu'elles furent tapées par les « cobayes », contre seulement 3,85 pour les membres du groupe témoin. Même les putts ratés étaient plus proches du trou pour les premiers que pour les seconds. On en vient à regretter que les chercheurs n'aient pas prétendu que le putter avait appartenu à Tiger Woods. Peut-être ne voulaient-ils pas que les hommes, qui représentaient 93 % de leur échantillon, ne se métamorphosent, par le biais de cette contagion positive, en maris volages…

L'autre file avance-t-elle vraiment plus vite ?

Voilà. Vous avez casé les valises dans le coffre, les enfants dans leurs sièges auto, la crème solaire et les sacs à vomi dans la boîte à gants. Mamie va garder le chien pour les vacances et vice-versa. Vous gagnez la plus proche autoroute et, au bout de dix minutes, tombez dans le premier bouchon. Des milliers de voitures devant, bientôt autant derrière, le tout au ralenti, à l'arrêt ou en accordéon. D'une voix geignarde, votre fille de cinq ans vous serine le rituel *« C'est quand qu'on arrive ? »* et, au moment où vous allez lui répondre *« Dans 800 kilomètres… »*, vous vous apercevez que, comme d'habitude dans les embouteillages, l'autre file avance plus vite que la vôtre.

Au même titre que la calamité du raccourci, qui s'avère toujours le plus long chemin entre deux points, la malédiction de la mauvaise file semble être une loi universelle de la conduite. Mais est-ce justifié ? L'autre voie avance-t-elle vraiment plus vite ? Comme s'en sont aperçus, en 1999, deux chercheurs, Donald Redelmeier (université de Toronto) et Robert Tibshirani (université Stanford en Californie), à l'occasion d'une étude publiée dans *Nature*, les données sur ce problème crucial n'existaient alors pas. Pour confirmer ou démolir la loi de l'autre file plus rapide, ils se sont donc livrés à deux expériences.

La première a consisté à simuler sur ordinateur un embouteillage sur une deux-voies. Même si, au départ, toutes les autos avaient les capacités d'accélération et de freinage d'une Honda Accord (triste monde virtuel…), les chercheurs

« Dépasser est un plaisir bref, être dépassé une torture longue. »

ont ensuite introduit un peu de frisson dans le modèle, un zeste de Porsche, un soupçon de 2 CV, des voitures arrivant dans la circulation avec des écarts aléatoires. Et celles-ci se sont amassées par dizaines puis par centaines sur l'autoroute imaginaire.

Le résultat est surprenant : dès que le bouchon se forme, les deux files évoluent, sur les dix minutes de la simulation, à la même vitesse l'une que l'autre. Évidemment, il s'agit d'une moyenne : par moments, une file ralentit ou s'arrête, puis c'est l'autre qui bloque, mais, au bout du compte, on est dépassé autant que l'on dépasse. Cependant, ces deux phénomènes ne sont pas symétriques dans leur distribution temporelle. Sur les dix minutes, on passe moins de temps à doubler qu'à être doublé. Cela est dû à l'écart entre les voitures. Lorsque celles-ci sont à l'arrêt, pare-chocs contre pare-chocs, les chanceux de la file voisine peuvent en dépasser trois en une seconde. En revanche, comme les automobiles qui roulent sont séparées par une certaine distance, on ne sera jamais dépassé par trois véhicules en une seconde… Dépasser est un plaisir bref, être dépassé une torture longue.

L'impression que l'autre file est plus rapide viendrait donc de cette dissymétrie. Cela a été confirmé par la seconde expérience au cours de laquelle fut projeté à 120 personnes un film de 4 minutes pris par la fenêtre d'une voiture dans un embouteillage. Bien que, en réalité, la file voisine eût roulé moins vite, 70 % des cobayes estimèrent le contraire et 65 % d'entre eux auraient volontiers changé de voie pour se retrouver… du côté des perdants.

La malédiction de l'autoroute n'est donc qu'une illusion. Toute la question est de savoir si elle explique aussi pourquoi, au supermarché, cela avance toujours plus vite à la caisse d'à côté au moment où votre fille de cinq ans vous dit *« C'est quand qu'on rentre ? »*.

Amants des animaux, attention à votre pénis

Il y a les amis des animaux. Et il y a leurs amants. La science improbable – et cette chronique qui l'est tout autant – faisant fi des tabous, il nous faut rendre compte d'une étude brésilienne, parue le 24 octobre 2011 dans *The Journal of Sexual Medicine*, consacrée aux pratiques zoophiles masculines. L'article n'a pas été écrit à des fins sensationnalistes : en tout bien tout honneur, les vingt médecins qui l'ont signé se sont intéressés au lien pouvant exister entre cette pratique sexuelle et le cancer du pénis, beaucoup plus fréquent au Brésil qu'en Europe.

Pour leur étude, les auteurs ont soumis 492 hommes de dix-huit à quatre-vingts ans, provenant des régions rurales et pauvres du pays, à un interrogatoire poussé sur leur vie sexuelle. Cent dix-huit d'entre eux étaient atteints d'un cancer du pénis, les autres servant de groupe de contrôle.

Les résultats de ces entretiens sont un choc pour ceux qui croient que ce que l'on appelait autrefois la bestialité constitue une pratique hors normes. *Près de 35 % des hommes interrogés* ont reconnu avoir forniqué avec un animal ou plusieurs. L'affaire commence en général à l'adolescence, vers l'âge de treize ou quatorze ans, et s'arrête environ quatre ans après, la majorité des zoophiles cessant d'abuser des animaux quand elle obtient les faveurs d'individus appartenant à l'espèce humaine. Il existe tout de même des béguins plus durables :

un des sujets de l'étude a ainsi connu l'amour bestial pendant vingt-six ans…

« On préfère la volaille dans le sud ou le sud-est, et les équidés dans le nord-est. »

Rares sont les hommes qui se contentent d'une passade ou plaident l'erreur d'un soir. Près de 40 % de ceux qui ont goûté à la chose accomplissent au moins une fois par semaine leurs devoirs de basse-cour. Car ferme rime avec harem. Dans l'ordre des favori(te)s, on trouve en premier les juments, suivies des ânesses, des mules, des chèvres, des poules, des veaux, des vaches, des chiens et chiennes, moutons et brebis, cochons et truies. L'étude dessine une carte du Tendre qui décalque celle de l'élevage brésilien : on préfère la volaille dans le sud ou le sud-est, et les équidés dans le nord-est. On ne peut que déplorer le manque regrettable de précision de l'étude, car trois cas figurent dans la catégorie des *« autres espèces »*… La fidélité n'est pas toujours de mise et nombreuses sont les personnes interrogées reconnaissant passer d'une espèce à l'autre. La zoophilie s'expérimente également en groupe, plusieurs hommes ayant expliqué s'être adonnés à des « tournantes » animalières.

L'article montre que les patients souffrant d'un cancer du pénis ont eu, de manière significative, plus de relations sexuelles avec les animaux que les hommes du groupe témoin. Les premiers sont d'ailleurs adeptes des pratiques à risques : multiplication des partenaires, recours plus fréquent aux prostitué(e)s, tabagisme. Les auteurs de l'étude avancent deux pistes pour expliquer le lien entre la zoophilie et le cancer qui les intéresse. Primo, le contact fréquent avec les muqueuses animales et les microbes qui les peuplent. Secundo, en commençant leur vie sexuelle par insérer leur membre viril dans des orifices qui n'y sont pas vraiment adaptés, les zoophiles peuvent multiplier les micro-traumas, ce qui les exposera ensuite davantage à la maladie.

Les amours bestiales s'avèrent donc des liaisons dangereuses. Dans une majorité des cas, le traitement de la maladie implique une amputation partielle ou totale de la verge. Adieu veau, vache, cochon, couvée…

Le mystère des vaches magnétiques

C'est une controverse scientifique presque aussi importante que celle qui opposa Galilée à l'Église sur l'ordonnancement des cieux : les vaches perçoivent-elles le champ magnétique terrestre, au point de s'aligner sur lui lorsqu'elles broutent ou se reposent ? Les éleveurs ont depuis longtemps remarqué que leurs bêtes ont tendance à évoluer parallèles les unes aux autres. Histoire, croit-on, soit de faire le moins possible prise au vent, soit de profiter au maximum du soleil les jours frais ou, au contraire, de minimiser sa surface exposée aux rayons d'Hélios les jours chauds.

Que nenni, a affirmé, en 2008 une étude germano-tchèque publiée dans les *Proceedings* de l'Académie des sciences américaine. En analysant des images de Google Earth montrant des troupeaux de bovidés, ses auteurs ont noté une préférence marquée, quelle que fût la saison, pour un alignement sur le champ magnétique terrestre. Les vaches se comportaient comme des boussoles, indiquant, qui de la corne, qui de la queue, les pôles nord et sud magnétiques. Confirmation en fut apportée en relevant en forêt les empreintes laissées par d'autres ruminants, chevreuils et cerfs, quand ils se couchent dans la neige. Si l'orientation de nombreux animaux (tortues marines, pigeons, abeilles, chauves-souris, etc.) en fonction du champ magnétique terrestre était déjà documentée, c'était la première fois qu'une étude la mettait en évidence chez de gros mammifères. Ce qui pouvait conduire à réévaluer la dangerosité des champs magnétiques pour un animal tel que l'homme.

> « Les vaches se comportaient comme des boussoles, indiquant, qui de la corne, qui de la queue, les pôles nord et sud magnétiques. »

L'année suivante, la même équipe enfonça le clou en constatant, toujours grâce à Google Earth, nouvel outil de la science, que l'alignement nord-sud se défaisait quand les troupeaux paissaient sous des lignes à haute tension : le champ magnétique créé par le passage du courant perturbait les bêtes, qui avaient du même coup tendance à se disposer perpendiculairement aux lignes électriques. C'est tout juste si l'on ne débusquait pas là enfin l'explication d'un phénomène universel, à savoir celui des vaches qui regardent passer les trains. En réalité, les vaches se moquent bien des motrices et de leurs wagons : elles s'occupent à faire un angle droit avec les voies électrifiées...

Mais, chaque découverte capitale de l'histoire de l'humanité s'accompagnant de critiques, une polémique a éclaté en février 2011 au sujet des boussoles internes bovines : dans une étude publiée dans le *Journal of Comparative Physiology*, une autre équipe, tchèque à 100 % celle-là, démolit le bel édifice. En s'intéressant non plus à la direction générale des troupeaux mais à celle de chaque individu, ces chercheurs ne virent apparaître, sur un nouveau jeu de photos, aucune direction préférentielle dans la position des ruminants et dénoncèrent un biais expérimental dans l'article de 2008. La riposte ne se fit pas attendre. Pour la première équipe, la moitié des images exploitées par ses détracteurs n'étaient pas pertinentes car prises sur des terrains trop en pente ou trop près de lignes à haute tension. De plus, accusait-elle, les clichés retenus étaient parfois si flous qu'on ne pouvait déterminer précisément l'orientation des bêtes, qui étaient parfois des moutons voire, pis, des bottes de paille !

Pour l'heure, le mystère des vaches magnétiques reste donc entier. Amis éleveurs, attendez encore un peu avant de construire des étables « feng shui » pour améliorer la qualité du lait.

Qui veut goûter la pâtée pour chats ?

Si votre conjoint vous surnomme « Minou » ou « Minette », cette chronique va peut-être changer votre vie. Vous ne le savez pas, mais la science vous tend les bras, en la personne de Gary Pickering. Dans un article paru en 2008 dans le *Journal of Animal Physiology and Animal Nutrition*, ce biologiste spécialisé dans la science du goût et du vin, le bien boire et le bien manger, s'est en effet intéressé à la nourriture pour chats. En effet, les nombreux tests effectués par l'industrie du Ragoumatou – dont le chiffre d'affaires annuel s'évalue en milliards de dollars – pour améliorer l'attractivité de ses produits auprès des consommateurs à quatre pattes, tests coûteux en temps et en argent, ne sont souvent pas concluants. Les chats s'avèrent capricieux côté repas et, surtout, relève Gary Pickering, si l'on excepte le chat du Cheshire et Sylvestre, l'ennemi de Titi le canari, ils présentent le défaut majeur de ne verbaliser ni désirs ni raisons de leurs répugnances.

C'est là que vous intervenez, M. Minou, Mme Minette, car on a besoin d'un animal qui parle pour réaliser des essais gastronomiques, le Guide Michelin de la pâtée, le Gault et Millau de la croquette. Et comme, sur le plan de la dégustation, *Homo sapiens* fonctionne peu ou prou comme *Félis catus*, voilà un débouché tout trouvé en ces temps de crise et de chômage : goûteur pour chats. Mais ne le devient pas qui veut. Pour élaborer un protocole fiable, Gary Pickering a soumis ses candidats à une impitoyable sélection, en éliminant ceux qui

« Pour élaborer un protocole fiable, Gary Pickering a soumis ses candidats à une impitoyable sélection. »

avaient les sinus encombrés (car apprécier la nourriture implique des fosses nasales bien dégagées), des problèmes de vision des couleurs ou des allergies alimentaires, ceux qui n'étaient pas assez sensibles aux saveurs primaires et à la dureté des aliments, et ceux, enfin, qui, trop dégoûtés, ne voulaient pas donner leur langue aux chats.

Onze candidats ont été retenus, qui ont commencé leur formation par six sessions d'une heure et demie pendant lesquelles ils se sont entraînés à décrire et à classer les aliments selon dix-huit critères d'arôme – sucré, salé, épicé, aux herbes, caramel, brûlé, rance, amer, crevettes, abats, etc. – et quatre de texture – dureté, facilitée à mâcher, viscosité (pour les sauces et gelées) et caractère graveleux, au sens premier du terme. Puis est venue l'heure de la dégustation de treize aliments du commerce, selon un protocole très précis : *« 1/ rinçage de bouche à l'eau ; 2/ une demie à une cuillérée à café d'échantillon placée dans la bouche ; 3/ l'échantillon déplacé dans la bouche et mâché pendant dix à quinze secondes ; 4/ une portion de l'échantillon avalée et le reste expectoré dans un crachoir ; 5/ notation de l'intensité pour chaque critère sur une échelle de 15 cm ; 6/ rinçage de bouche à l'eau. Une pause de une à deux minutes était obligatoire entre les échantillons. »* Histoire de vomir un peu diront… les mauvaises langues.

Le test demandait aussi aux chevaliers du Taste-Ronron de noter, sur une échelle allant de un à neuf (un j'adore, neuf je déteste), leur appréciation personnelle. La note moyenne, pour les treize aliments, fut de 4,97, ce qui place le curseur

RAGOUMIAOU

LE TESTEUR DU MOIS

1. Jean-Claude Minou

2. Yvette Patoune

3. Gérard Félin

4. Jean Matou

5. Steeve Ronron

6. Annette Truffe

7. Félix Crockète

8. Éric Moustache

9. Stéphane Calinou

10. Bastien Patapon

entre le « je n'aime pas spécialement mais je ne suis pas dégoûté non plus » et le « j'aime légèrement ». Nos Félix à deux jambes préférèrent le plat au poisson (note de 2,73 qu'envieraient beaucoup de restaurateurs) et firent la moue devant une pâtée homogène (note de 6,59). Petits difficiles, va.

À quelle vitesse la Mort marche-t-elle ?

Dans sa belle *Supplique pour être enterré à la plage de Sète*, Georges Brassens chantait : *« La camarde, qui ne m'a jamais pardonné d'avoir semé des fleurs dans les trous de son nez, me poursuit d'un zèle imbécile. »* Oui, mais à quelle vitesse ? Squelettique, vêtue d'une longue robe noire à capuche et brandissant sa faux pour faire sa moisson d'âmes, la Mort s'avance à une allure qui, jusqu'à présent, n'avait pas encore été déterminée par la science. Une équipe australienne vient combler cette irritante lacune dans une étude médico-humoristique publiée le 15 décembre 2011 par le *British Medical Journal* (*BMJ*).

Pour comprendre la méthodologie employée par ces chercheurs, il faut savoir que la vitesse de marche constitue une excellente mesure objective des capacités physiques des personnes âgées et qu'elle a pu prédire de manière fiable qui, parmi plusieurs cohortes de sujets, survivrait à court ou moyen terme – sachant qu'à long terme, comme au casino, la banque gagne toujours. Mourir est donc une question de vitesse. Comme ceux qui marchent trop lentement se font rattraper et prendre par la Grande Faucheuse, il est possible, en chronométrant le pas de personnes âgées et en voyant celles qui succomberont (ou pas) au cours des mois ou années à venir, d'évaluer précisément la vitesse maximale à laquelle marche la Mort…

« Les médecins ont commencé par mesurer la vitesse de marche de leurs papys. »

Les auteurs de l'article du *BMJ* ont donc profité d'une vaste enquête médicale menée sur des centaines d'hommes âgés de plus de soixante-dix ans pour élucider cette mystérieuse question de santé publique. Plus de 1 600 personnes ont ainsi été recrutées dans les environs de Sydney sur les listes électorales qui présentent l'avantage de donner les dates de naissance et de fournir un échantillon représentatif de la population puisque voter est obligatoire en Australie. À ceux qui auraient préféré convoquer directement la camarde pour lui faire passer des tests sur tapis roulant, les chercheurs ont répondu : *« Étant donné que « vivre » dans la région était un critère d'entrée pour l'étude, nous n'avons pas pu obtenir la participation de la Mort aux évaluations cliniques. De plus, pour autant que nous le sachions, la Mort n'est pas actuellement inscrite sur les listes électorales australiennes. »* Imparable.

Les médecins ont commencé par mesurer la vitesse de marche de leurs papys. Puis, ils ont attendu. Pendant cinq ans en moyenne, ils ont suivi de loin en loin l'évolution de l'état de santé de ces messieurs et quand plus personne ne répondait aux enquêtes, ils consultaient les registres des décès… Au total, 266 des participants à l'enquête n'en ont pas vu la fin. Ils auraient sans doute appris que, marchant en moyenne à moins de 2,95 km/h, ils risquaient bien plus que les autres de se faire rattraper par la Faucheuse dont c'est la vitesse de croisière. À partir de 4,9 km/h, en revanche, elle ne peut plus rejoindre quiconque car ses capacités musculaires sont à l'évidence très restreintes. Selon les chercheurs, il existe sans doute d'autres possibilités, malheureusement non testées, pour échapper au trépas tout en gardant un train de sénateur, notamment l'utilisation des fameuses « reliques de la mort » rendues célèbres par la saga Harry Potter.

Des reliques que ne connaissait pas Georges Brassens, lequel eut l'idée malheureuse de ralentir le pas, de faire *« la route à la papa »* en descendant, un jour d'octobre 1981, le *Boulevard du temps qui passe…*

Les femmes rendent-elles les hommes stupides ?

Les femmes rendent-elles les hommes stupides ? En termes scientifiques, la question est reformulée ainsi : les performances cognitives de l'*Homo sapiens* mâle diminuent-elles après une interaction avec un membre du sexe opposé ? La boulangère est si charmante que Robert (pardon d'avance à tous les Robert) sort de la boutique avec ses croissants mais en a oublié de commander son bâtard bien cuit. Traduit par Tex Avery, c'est l'effet « ferme la bouche, idiot, tu marches sur ta langue ». Des études de psychologie ont montré que les messieurs hétérosexuels réussissaient moins bien des tests cognitifs après avoir discuté avec une dame qu'avant. L'inverse n'est pas vrai. Pourquoi ?

En moyenne, les hommes ont, davantage que les femmes, la faculté de « sexualiser » les situations de la vie courante. « Bonjour voisine, que vous êtes belle en descendant votre poubelle… » Etc. Selon les biologistes, cette capacité à surinterpréter les signaux envoyés par les personnes de l'autre sexe est un biais que l'évolution a imposé à l'espèce pour que les mâles ne ratent pas une occasion de s'accoupler. Mais cet instinct de chasse de tous les instants a un coût – qui se traduit par de moins bons résultats aux tests – car l'homme « s'épuise » mentalement, consomme ses ressources cognitives (on n'ose dire « intellectuelles ») en évaluant sans cesse sa partenaire pour déterminer sa valeur en tant que reproductrice, en contrôlant ses émotions, en se concentrant sur l'image qu'il

« La seule anticipation d'une interaction avec une femme fait-elle perdre une partie de ses moyens cognitifs à l'hétérosexuel moyen ? »

désire offrir et en surveillant l'autre pour voir s'il lui fait bonne impression.

Il y a donc un effet après la rencontre. Mais y en a-t-il aussi un avant ? La seule anticipation d'une interaction avec une femme fait-elle perdre une partie de ses moyens cognitifs à l'hétérosexuel moyen ? Dans les premières pages d'*Anna Karénine*, Tolstoï met en scène un propriétaire terrien, Levine, sur le chemin menant à un lac gelé servant de patinoire, où il s'apprête à rencontrer la jeune femme dont il est amoureux : *« Tout en suivant le sentier, Levine se parlait à lui-même : « Du calme ! il ne faut pas se troubler ; que veux-tu ? qu'as-tu ? tais-toi, imbécile. » C'est ainsi qu'il interpellait son cœur. Mais plus il cherchait à se calmer, plus l'émotion le gagnait et lui coupait la respiration. Une personne de connaissance l'appela au passage, Levine ne la reconnut même pas. »* Pauvre garçon. Pour savoir s'il existe un « effet Levine », une équipe de psychologues néerlandais a imaginé un test dont elle a publié les résultats en novembre 2011 dans les *Archives of Sexual Behavior*.

Sous le faux prétexte d'une expérience sur le langage, les chercheurs ont fait passer un test sémantique à 90 hommes et femmes en les prévenant qu'un(e) observateur(trice) se connecterait ensuite à la cabine dans laquelle ils étaient isolés pour leur donner le top départ d'un second exercice, où ils devraient lire un texte devant une webcam. Chacun était informé du prénom de l'observateur(trice) et pouvait en déduire son sexe. Le stratagème avait pour but de créer l'attente d'une interaction à venir. Dans ces conditions, alors que, chez les cobayes féminins, aucune différence significative n'était notée selon le sexe de l'observateur, les hommes anticipant un contact avec une femme ont nettement moins bien réussi l'exercice sémantique que les autres. Le plus drôle,

c'est que, l'expérience étant automatisée, la femme en question n'existait pas.

il faut savoir souffrir pour être purifié

Il a manqué quelqu'un auprès des suppliciés du temps jadis, qu'ils aient été crucifiés ou empalés, roués ou écartelés, écorchés vifs ou rôtis à petit feu. Il a aussi manqué quelqu'un auprès des adeptes de la mortification, porteurs de cilice ou flagellants. Ce grand absent des manifestations spectaculaires de la souffrance, c'est le psychologue. S'il avait scientifiquement interrogé les principaux intéressés à l'époque où ces pratiques étaient répandues, il aurait pu répondre à une grande question : la douleur purifie-t-elle ? Peut-on vraiment racheter ses péchés par la souffrance physique ou, tout au moins, soulager son âme de ses fautes ?

Pour le savoir, deux psychologues australiens et un confrère italien ont réalisé une expérience dont les résultats ont été publiés en janvier 2011 par la revue *Psychological Science*. L'envie ne leur a sans doute pas manqué de sortir fouets, battes de base-ball et charbons ardents mais les comités déontologiques auxquels sont soumis les protocoles expérimentaux apprécient en général assez peu l'utilisation de ce matériel, même à des fins scientifiques. Il leur a donc malheureusement fallu adopter une démarche un peu moins directe.

« Les cobayes du premier groupe, à la culpabilité à vif, devaient plonger une main dans un seau à glace. »

Comme un psychologue qui ne ment pas sur le but de son expérience a toutes les chances de la rater, ces chercheurs ont tout d'abord recruté une soixantaine de volontaires pour un soi-disant test sur l'« acuité mentale ». Ceux-ci ont été répartis en trois ensembles, deux contenant les vrais « cobayes » et le dernier constituant le groupe témoin. Pour commencer l'expérience, tout le monde rédigeait un petit texte. Les membres des deux premiers groupes avaient pour tâche de narrer un épisode de leur vie durant lequel ils avaient agi de manière immorale, histoire de faire monter l'aiguille du « culpabilomètre », ce qui était aussitôt mesuré grâce à un test de personnalité dans lequel était glissée une question à ce sujet. Les participants du groupe témoin devaient quant à eux raconter une interaction quelconque qu'ils avaient eue la veille avec un autre être humain.

Puis on entrait dans le vif du sujet. Les cobayes du premier groupe, à la culpabilité à vif, devaient plonger une main dans un seau à glace (température comprise entre 0 °C et 2 °C) et l'y maintenir le plus longtemps possible, imités en cela par le groupe témoin. Quant aux personnes du deuxième groupe, elles mettaient la main dans une eau à la température agréable (36 °C à 38 °C). Chacun exprimait ensuite ses sensations sur une échelle de souffrance graduée de zéro à cinq (zéro = même pas mal, cinq = aïe, ouille, aïaïaïe !) et remplissait un nouveau test de personnalité, afin de mesurer où en était le sentiment de culpabilité.

En moyenne, le premier groupe a gardé sa main dans la glace pendant 87 secondes, contre 64 secondes pour le groupe-témoin (qui n'avait rien à se reprocher), montrant que se sentir en faute incite à rechercher la catharsis dans un plus grand châtiment physique. À temps d'immersion équivalent, la douleur ressentie était d'ailleurs plus grande dans le premier groupe. Restait à répondre à la question la plus importante : comment avait évolué le sentiment de culpabilité ? Ceux qui avaient enduré la glace avaient vu une réduction de ce sentiment deux fois plus importante que ceux qui n'avaient pas souffert en faisant trempette dans l'eau chaude. Comme si la douleur était bel et bien la monnaie d'échange de l'expiation. Pécheurs, vous reprendrez bien un peu de fouet ?

Les puissants se voient plus grands qu'ils ne sont

En avril 2010, la destruction de la plate-forme pétrolière de BP, Deepwater Horizon, provoque la plus importante marée noire jamais enregistrée aux États-Unis. Quelques semaines plus tard, le président de BP fait scandale en déclarant, au sujet des victimes de cette catastrophe : *« Nous nous soucions des petites gens.* » Comme s'il y avait d'un côté les grands hommes et, de l'autre, les minus de la plèbe. C'est suite à cette phrase que deux chercheurs américains ont l'idée d'explorer une étonnante hypothèse : l'expérience du pouvoir modifie-t-elle

« Les « chefs » ont alors tendance à s'ajouter un à deux centimètres tandis que les « employés » ne trichent pas... »

la perception que les puissants ont de leur propre taille ?

Aussi improbable qu'elle paraisse, cette supposition ne sort pas de nulle part. Stature et statut marchent de conserve dans l'imaginaire collectif. Le public semble attribuer naturellement plus de pouvoir et de domination aux personnes de haute taille et plusieurs enquêtes statistiques ont montré qu'être grand conférait en moyenne de meilleurs revenus, plus de responsabilités et même plus de chances de remporter l'élection présidentielle aux États-Unis ! Par ailleurs, des recherches ont prouvé que les sens propre et figuré des mots pouvaient fusionner au point que le caractère métaphorique de certaines expressions acquérait une sorte de réalité physique. Les « grands » de ce monde pourraient donc se sentir pousser des centimètres et se voir plus grands qu'ils ne le sont réellement…

Pour le confirmer, nos deux chercheurs américains réalisent trois petites expériences, dont les résultats ont été publiés en décembre 2011 dans *Psychological Science.* Dans la première, ils demandent d'abord à trois groupes de personnes de raconter un épisode de leur vie : un événement au cours duquel elles ont eu du pouvoir sur quelqu'un d'autre pour le premier, un moment où elles ont dû se soumettre à l'autorité d'un tiers pour le deuxième, un fait banal pour le groupe témoin. Puis, chacun estime la taille d'une perche un peu plus grande que lui. Le groupe des « dominants » a en moyenne vu cette barre plus petite de 10 à 15 cm que les deux autres groupes, comme si l'écart entre sa propre taille et la perche n'était pas si important que cela.

Pour la deuxième expérience, d'autres participants sont regroupés par paires pour un jeu de rôle. Au préalable, ils effectuent un test afin de déterminer qui fera le chef et qui l'employé. En réalité, les places sont attribuées au hasard mais chacun pense l'avoir « méritée ». Avant le jeu de rôle, qui n'a aucune importance dans l'expérience, chacun remplit un questionnaire le concernant, où il doit notamment indiquer sa taille. Les « chefs » ont alors tendance à s'ajouter un à deux centimètres tandis que les « employés » ne trichent pas… La dernière expérience reprend le même protocole mais, en plus du questionnaire, les cobayes sont invités à se créer un avatar *« qui les représente le mieux »* car le jeu de rôle sera virtuel. Là encore, les « chefs », dans l'éventail des sept tailles possibles, prennent en moyenne une taille de plus que leurs « subalternes ».

L'expression selon laquelle les gens qui se croient importants se haussent du col semble trouver là une confirmation éclatante. Reste à savoir si les puissants rapetissent ceux qu'ils trouvent insignifiants. Un indice : la presse a rapporté que Nicolas Sarkozy (1,65 m) surnommait François Hollande, qui le dépasse de quelques centimètres, *« le petit »*.

À la recherche du syndrome de Marie-Antoinette

C'est l'Arlésienne de la dermatologie et de la cosmétologie réunies. Le syndrome de Marie-Antoinette existe-t-il ? Selon la légende, la dernière reine de France vit sa chevelure devenir blanche dans la nuit précédant sa montée sur l'échafaud, le 16 octobre 1793. Sainte Beuve, dans ses *Causeries du lundi*, assure pour sa part que la transformation a eu lieu deux ans plus tôt, le 21 juin 1791, lors de l'arrestation de la famille royale à Varennes au terme de sa tentative de fuite hors de France : *« Au moment où Mme Campan la revit après le retour de Varennes, la reine ôta son bonnet, et lui dit de voir l'effet que la douleur avait produit sur ses cheveux :* « En une seule nuit, ils étaient devenus blancs comme ceux d'une femme de soixante-dix ans. » *Elle en avait trente-six. »*

Même si elle porte le nom de Marie-Antoinette, cette subite et spectaculaire métamorphose est rapportée par la littérature bien avant. On raconte ainsi que le futur Henri IV vit sa moustache blanchir en une nuit. Le phénomène du blanchissement pileux ne se cantonne pas à la France ni aux têtes couronnées. Il est par exemple raconté que la barbe et les cheveux du philosophe et homme politique britannique Thomas More virèrent au blanc la nuit qui précéda son exécution en 1535. Toujours outre-Manche, Shakespeare fait dire à l'un de ses personnages de sa pièce *Henry IV* : *« La barbe de ton père a blanchi de toutes ces nouvelles-là. »* Plus tard, Walter Scott, dans son poème *Marmion*, précise les circonstances

dans lesquelles se produit le changement :
« La terreur peut devancer les années, et blanchir nos cheveux dans une nuit. »

> « Le phénomène du blanchissement pileux ne se cantonne pas à la France ni aux têtes couronnées. »

La science ne pouvait que s'intéresser à ces événements aussi extraordinaires qu'improbables au cours desquels cheveux et poils, sous l'effet d'un stress intense enduré par leur porteur, perdent leur pigmentation. Ainsi, dans une lettre adressée au *Boston Medical and Surgical Journal* en 1851, un certain E. R. Smilie recense-t-il plusieurs cas et notamment celui d'un mineur malade qui, s'étant endormi après avoir subi une saignée, eut la frayeur de sa vie en trouvant à son réveil, au pied de son lit de camp, un grizzli en train de lécher le sang coulé de son bandage ! Le lendemain, l'homme avait les cheveux d'un blanc immaculé.

Au fur et à mesure que les décennies passent et que la science se fait plus précise, les chercheurs semblent croire de moins en moins à ces histoires tirées par les cheveux, mais pas au point de renoncer au syndrome de Marie-Antoinette. Ainsi, en 1972, un professeur de dermatologie américain publie-t-il une recension très complète des principaux cas historiques sous le titre « Blanchissement soudain des cheveux ». En 2008, dans le *Journal of the Royal Society of Medicine*, une équipe britannique reprend la même démarche, et quasiment le même titre, en ajoutant une petite dose de scepticisme : « Blanchissement soudain des cheveux : une fiction historique ? » Au fil des siècles, on est passé du simple constat à la recherche de la cause. En partant du principe que le phénomène est réel, les deux hypothèses retenues sont les suivantes : soit les Marie-Antoinette et autres Thomas More, emprisonnés, ne pouvaient plus se fournir en teinture et leur véritable couleur était réapparue, soit une pelade sélective avait fait brusquement tomber tous leurs cheveux pigmentés, ne leur laissant que les blancs sur la tête. Laquelle allait elle-même vite tomber aussi.

Les avaleurs de sabres souffrent aussi

Le 13 janvier 2012, Arianna Huffington, fondatrice du *Huffington Post*, le désormais célèbre site Internet américain d'information et de blogs, s'est retrouvée à la « une » de son propre média. Son fait d'armes : avoir retiré une lame de la gorge de l'avaleur de sabres Dan Meyer, titulaire de plusieurs records dans cette discipline multimillénaire. Mais Arianna Huffington devait ignorer que Dan Meyer est, avec le radiologue britannique Brian Witcombe, le co-auteur d'une étude publiée en décembre 2006 dans le fort sérieux *British Medical Journal* (*BMJ*). L'article en question, qui leur a valu dès 2007 un IgNobel, récompense suprême de la science improbable, est consacré aux petits problèmes de santé que rencontrent les avaleurs de sabres (qui, techniquement parlant, sont plus souvent des épées).

Les avaleurs de sabres souffrent aussi

> « Les gobeurs de cure-dents et d'épingles à nourrice n'ont pas été retenus dans cette étude. »

Mais attention ! On ne parle là que des véritables spécialistes reconnus par la très officielle Association internationale des avaleurs de sabres (SSAI d'après l'acronyme anglais). Les gobeurs de cure-dents et d'épingles à nourrice n'ont pas été retenus dans cette étude, laquelle précise bien qu'*« ont été exclus les cas où la blessure a été faite en avalant des objets autres que des épées, comme des verres, des tubes de néon, des fusils-harpons ou des marteaux-piqueurs »*. N'est pas engloutisseur de sabres qui veut. Pour obtenir le fameux triple A – Authentique Avaleur d'Armes blanches – et l'homologation de la SSAI, les candidats doivent fournir les preuves de leurs gorges profondes. C'est-à-dire des vidéos où ils utilisent de véritables épées en acier, non rétractables, dont la lame mesure au minimum 38 cm de long pour 1,3 cm de large.

Pour collecter les données de leur étude, Brian Witcombe et Dan Meyer ont écrit à 110 membres de la SSAI afin de leur demander des détails sur leur pratique (à quel âge et comment ils avaient appris cet art, quelle avait été leur consommation de lames au cours des trois derniers mois) et une quarantaine d'entre eux ont accepté d'ouvrir bouches et dossiers médicaux. Certains gloutons ont ainsi reconnu avoir avalé plusieurs épées en même temps (jusqu'à seize !), d'autres en avoir ingurgité 300 au cours du trimestre précédant l'enquête et un dernier a même avoué s'être envoyé une lame de 79 cm de long derrière la cravate…

Une telle boulimie de flamberges ne peut que laisser des traces même si certains se remplissent l'estomac de nourriture ou de boisson pour le lester et le mettre dans une position plus verticale, ce qui facilite l'insertion des armes les plus longues jusque dans cet organe. Pendant la descente aux enfers gastriques, l'épée, dans son fourreau œsophagien, passe au ras du cœur, de l'aorte et des poumons, mais les auteurs de l'article du *BMJ* ne sont pas parvenus à trouver trace d'accident mortel récent. En revanche, parmi le panel d'avaleurs interrogés, certains ont admis avoir quelquefois des douleurs dans la poitrine ou ont retiré une épée ensanglantée de leur gosier. Les cas les plus graves ont été des perforations du pharynx et de l'œsophage mais l'étude relativise ces accidents en expliquant qu'il arrive de temps à autre aux médecins pratiquant une endoscopie de rater leur coup, avec des conséquences parfois mortelles. Ceci dit, le symptôme le plus fréquent chez les membres de la SSAI est un mal de gorge qui les gêne pour… avaler leur nourriture. Devrait-on leur conseiller de ne pas manger fourchettes et couteaux avec ?

Pendu pour la science

Certains scientifiques n'hésitent pas à payer de leur personne, à se faire les sujets de leurs propres expérimentations pour appuyer leurs recherches. Un des exemples récents les plus connus est celui de l'Australien Barry Marshall qui montra que la bactérie *Helicobacter pylori* causait la plupart des ulcères de l'estomac, alors que peu de ses confrères y croyaient : pour ce faire, il ingurgita un récipient contenant le microbe en culture, commença à développer la maladie puis se soigna avec des antibiotiques, guérit et décrocha le prix Nobel de médecine en 2005 avec son collègue John Robin Warren.

L'histoire est édifiante… mais bien terne au regard de ce qu'osa, au nom de la science, Nicolas Minovici. En 1905, ce médecin légiste roumain publie à Paris un traité sur la pendaison, méthode qu'ont utilisée de nombreux suicidés atterrissant sur sa table d'autopsie. Minovici a l'intention d'être le plus complet possible et commence par gaver son lecteur de statistiques sur l'âge des malheureux, leur sexe, leur profession, leur nationalité, leur quartier, les raisons du suicide, l'endroit de l'habitation où il a été commis, le point de fixation du lien fatal ainsi que les objets ayant servi à la pendaison : corde, ficelle, courroie, ceinture, mais aussi mèche de lampe, mouchoir, doublure d'habit ou *« morceau taillé de caleçon »*. L'auteur évoque aussi les questions médico-légales afférentes aux pendaisons et les différentes manières dont la mort peut survenir une fois que l'on s'est passé la corde au cou.

Pendu pour la science

> « Nicolas Minovici va réaliser d'incroyables expériences sur lui-même. »

C'est précisément pour approfondir ce dernier point que Nicolas Minovici va réaliser d'incroyables expériences sur lui-même. Les tests sur des cadavres et des animaux vivants sont insuffisants pour le médecin roumain qui veut savoir ce que ressent le pendu au moment où la hart lui serre le kiki. Notre homme commence par une séance d'auto-étranglement à mains nues à laquelle il met fin pour ne pas s'évanouir. Puis il enchaîne avec une pendaison dite « incomplète » où une partie de son corps reste en contact avec le sol, de sorte que toute sa masse ne soit pas tirée par la corde. Enfin, il passe à la pendaison « complète ». Tel un sportif s'échauffant avant un effort violent, il effectue une première séance non pas avec une corde mais avec une serviette tendue : *« J'ai entrepris six ou sept pendaisons de quatre ou cinq secondes pour pouvoir m'habituer à la pendaison. Pendant ce temps, le corps était à un ou deux mètres au-dessus du sol. »*

Enhardi par ce test, Minovici enchaîne, dès le lendemain, sur une séance plus sérieuse. À son grand désespoir, il ne peut tenir plus de vingt-six secondes. Laissons-lui la parole : *« Aussitôt que les pieds quittent le sol, les paupières se contractent violemment ; mais la fermeture des voies respiratoires est si hermétique qu'il est impossible de respirer. Nous n'entendions même pas la voix d'un de nos employés chargé de tirer la corde et de compter tout haut le nombre de secondes. Les oreilles nous sifflaient et les douleurs ainsi que le besoin de respiration ne nous ont pas permis de supporter plus longtemps l'expérience. »* Très scrupuleusement, le médecin note les blessures que le test lui a infligées. Puis, il essaie une vraie corde. La douleur est telle qu'il interrompt l'expérience avant même que ses pieds aient quitté le sol.

La peine de mort par pendaison est toujours en vigueur dans quelques pays, dont l'Inde et le Japon.

Cherche alcooliques pour expérience arrosée

Dans son livre *Limonov*, consacré à l'écrivain russe du même nom, Emmanuel Carrère décrit les *« marathons d'ivrognerie »*, appelés *zapoï*, auxquels se livre son héros : *«* Zapoï*, c'est rester plusieurs jours sans dessoûler, errer d'un lieu à l'autre, monter dans des trains sans savoir où ils vont, confier ses secrets les plus intimes à des rencontres de hasard, oublier tout ce qu'on a dit et fait. »* Ce grand trou noir, cette amnésie, qui clôt le voyage au bout de la cuite, bien des ivrognes du samedi soir ou de tous les jours le connaissent. On pense aujourd'hui que l'alcool, en perturbant le fonctionnement de l'hippocampe dans le cerveau, empêche la mémorisation des événements. Mais il y a quatre décennies, cette explication n'était qu'une des deux hypothèses évoquées par les chercheurs. L'autre, plus psychologique, mettait en cause anxiété et sentiment de culpabilité.

« Les règles déontologiques de l'époque sur les expérimentations humaines étaient un peu moins rigoureuses… »

Pour essayer de trancher entre les deux, une équipe de psychiatres de Saint Louis (Missouri), a l'idée, dans une étude publiée dans *Nature* en 1970, d'imbiber quelques volontaires et de tester leur mémoire pendant et après une beuverie médicalement assistée. Les règles déontologiques de l'époque sur les expérimentations humaines étaient un peu moins rigoureuses… Pas question cependant, en ces temps de rideau de fer, d'avoir recours aux spécialistes russes du *zapoï* et pas question non plus de pratiquer l'expérience sur eux-mêmes : les chercheurs auraient risqué de ne pas se rappeler les résultats. Il leur faut donc trouver des volontaires capables de boire sans souci autre chose que *« l'eau ferru ferrugineuse »* chère à Bourvil. Quoi de mieux que de pauvrès hères recrutés au service du travail temporaire de l'agence pour l'emploi locale ? Dix candidats à l'ivresse – payés en plus d'être abreuvés – sont donc sélectionnés, dont huit s'avèrent des alcooliques et cinq sont déjà tombés dans le trou noir d'après boire : une magnifique cohorte.

Chaque cobaye est resté quelques jours à l'hôpital où avait lieu l'expérience. Jour 1 : examen physique et psychiatrique. Jour 2 : rien, de façon à évacuer totalement les éventuelles traces d'une précédente muflée. Jour 3 : début des opérations. En quatre heures, le candidat au voyage absorbe environ un demi-litre de bourbon titrant 43°, de façon à recevoir 2,4 grammes d'alcool pur par kilo de masse corporelle. Toutes les demi-heures, des tests ont lieu. On lui présente d'abord un jouet dont on lui demande le nom 2 minutes et une

Cherche alcooliques pour expérience arrosée

demi-heure plus tard. On lui montre également (pour vérifier les souvenirs « émotionnels ») un extrait de film érotique. On teste aussi sa mémoire à long terme en l'interrogeant sur sa scolarité et il doit résoudre quelques opérations mathématiques simples (une bouteille moins trois verres, combien ça fait ?). Au jour 4, on vérifie ce dont il se souvient après 24 heures et on compare le résultat avec celui obtenu sur des sujets sobres.

Cinq des dix cobayes sont tombés dans le trou noir durant l'expérience, en n'« imprimant » ni les jouets présentés ni les extraits croustillants du film (et aucun n'a vu de dame toute nue jouer avec un canard en plastique jaune). Les auteurs de l'étude ont trouvé que les amnésiques étaient ceux qui assimilaient le moins vite l'alcool, ce qui semblait indiquer que l'hypothèse physiologique était la plus vraisemblable. Ils ont donc suggéré d'effectuer des travaux complémentaires en ce sens. Hips !

Les bébés surnuméraires de la Saint-Valentin

Voilà la Saint-Valentin, avec son cortège de petits cœurs, de chérubins et de Cupidon, de doux cadeaux, de dîners aux chandelles… et d'engueulades pour ceux qui auraient oublié la fête des tourtereaux. Où la science improbable va-t-elle bien pouvoir se nicher dans cette célébration de l'amour ? Réponse avec une étude publiée en juillet 2011 dans la revue *Social Science & Medicine*. Ses auteurs, trois spécialistes du comportement à l'université Yale (Connecticut), se sont demandé si les représentations culturelles attachées à certaines fêtes populaires avaient une influence sur le nombre de naissances ces jours-là. Pour le dire plus clairement, donne-t-on davantage la vie pendant les journées à connotation positive et moins les jours à connotation négative ?

Ces chercheurs se sont donc focalisés sur deux périodes de l'année : les deux semaines qui entourent la Saint-Valentin, le 14 février (avec ses fleurettes et ses amours) et les deux semaines qui encadrent la fête d'Halloween, le 31 octobre (avec ses sorcières grimaçantes et sa représentation de la mort). Ils ont compilé tous les registres des naissances aux États-Unis sur ces deux espaces de quinze jours et ce sur onze années consécutives, de 1996 à 2006 inclus. Au total, près de 3,5 millions de bébés américains ont, sans le savoir, été embrigadés dans cette étude.

Les résultats sont un pic et un creux dans la courbe des naissances. Un pic pour la Saint-Valentin, où il naît en moyenne

> « Donne-t-on davantage la vie pendant les journées à connotation positive et moins les jours à connotation négative ? »

quelque 600 enfants de plus que les jours environnants, soit une hausse de 5 %. On pourrait croire que ces bébés surnuméraires sont tous les résultats d'accouchements programmés le jour J par les obstétriciens pour faire plaisir à des parents voulant un enfant marqué du sceau de l'amour… En réalité, toutes les catégories d'accouchements (spontanés, par césarienne et déclenchés) sont en augmentation le 14 février. À l'inverse, pour Halloween, la courbe des naissances montre un creux très net. Il manque en moyenne plus de 1 200 parturientes ce jour-là, soit une chute de 11,3 % par rapport aux chiffres des jours précédents ou suivants. Afin d'expliquer pourquoi ce creux est deux fois plus marqué que ne l'est le pic de la Saint-Valentin, les chercheurs suggèrent que les symboles d'Halloween, comme les squelettes et les sorcières, sont non seulement interprétés comme des mauvais présages mais aussi vus comme des menaces pour le nourrisson.

Selon les auteurs de l'étude, ces résultats surprenants doivent ouvrir un débat sur la justesse de l'expression « naissance spontanée » car leurs statistiques montrent que, de manière significative, les femmes enceintes sont capables d'accélérer ou de ralentir le travail de manière à ce que leur enfant naisse le « bon » jour ou bien évite le « mauvais » jour. Ils soulignent la nécessité de rechercher par quel *« mécanisme psychophysiologique jusqu'à présent passé inaperçu »* les futures mères y parviennent, sachant que le déclenchement du travail est contrôlé par des hormones. Enfin, les chercheurs tirent une conséquence fort logique de leur étude : *« Nos résultats,* écrivent-ils en conclusion, *indiquent le besoin d'adapter le nombre de personnes travaillant dans les services d'obstétrique les jours de la Saint-Valentin et d'Halloween au pic et au creux respectifs des naissances. »* Encore faudrait-il que les responsables des ressources humaines dans les maternités lisent *Social Science & Medicine*…

Les poils pubiens, ça va, ça vient

Ayant la tendance fâcheuse à ne pas rester sur les corps qui les ont fait grandir, cheveux et poils perdus s'avèrent des alliés précieux pour la police scientifique. Leur découverte sur une scène de crime ou sur une victime permet parfois d'identifier l'agresseur ou d'innocenter des suspects. Néanmoins, en 1997, une étude américaine publiée dans le *Journal of Forensics Sciences* déplorait le manque de connaissances sur la perte de poils pubiens lors des rapports sexuels, documentation qui pourrait être utile dans les cas de viol. Les trois auteurs de l'article ont donc voulu répondre à une question simple : quelle est la fréquence du transfert de ces éléments pileux ? Pour le formuler clairement, les poils de Monsieur vont-ils souvent, comme disait Brassens, *« faire un petit peu d'alpinisme »* sur le mont de Vénus de Madame, et vice-versa ?

> « Ces chercheurs ont donc mis sur pied une des expériences les plus croustillantes de l'histoire de la science improbable. »

Afin d'obtenir une réponse à cette question cardinale, ces chercheurs ont donc mis sur pied une des expériences les plus croustillantes de l'histoire de la science improbable. Six employés d'un laboratoire de police scientifique et leurs conjoints se sont soumis à un protocole de recherche draconien destiné à vérifier, après l'acte d'amour, à qui appartenaient les poils pubiens tombés au champ d'honneur en les comparant à des échantillons fournis par chaque participant. Sur les six couples, cinq ont œuvré dix fois pour la recherche tandis que le dernier n'a accompli son devoir scientifique qu'à cinq reprises. Après tout rapport sexuel, chaque protagoniste devait s'asseoir sur une serviette pendant que son ou sa partenaire lui passait littéralement le pubis au peigne fin. Puis, la serviette et son contenu ainsi que le peigne étaient scellés dans une enveloppe à laquelle était joint un questionnaire romantique précisant la durée des galipettes, la ou les positions employées, le nombre d'heures écoulées depuis les derniers rapports et la dernière douche.

Une fois le paquet déballé au laboratoire, chaque élément recueilli était scruté au microscope pour savoir s'il y avait eu échange pileux. Sur les 110 peignages réalisés, des centaines de poils ont été récupérés mais aussi quelques intrus sur lesquels on ne fera aucun commentaire, comme des cheveux ou un poil d'animal… Un ou plusieurs transferts ont été détectés dans 17 % des cas et les chercheurs ont noté un net déséquilibre entre les sexes : ces dames étaient plus généreuses,

Les poils pubiens, ça va, ça vient

donnant deux fois plus souvent que ces messieurs. Information importante car, même si la fréquence des transferts est assez faible, les auteurs de viols pourraient sans le savoir emporter avec eux un ou plusieurs poils de leurs victimes, capables de les incriminer.

Dans la conclusion de leur article, les chercheurs reconnaissent qu'un échantillon de six couples, tous composés de Blancs, est loin d'être assez représentatif. Aucune corrélation significative n'a pu être obtenue entre les transferts pileux et les données recueillies comme la durée des rapports sexuels ou la position adoptée. Ils demandent donc, le plus sérieusement du monde, que d'autres expériences impliquant plus de sujets soient menées. Une partie fine au Carlton, chérie ? Prends un peigne, c'est pour la science… Ils précisent également que la participation de leurs douze volontaires aux tests *« a été uniquement motivée par le désir altruiste de faire avancer la recherche »*. Les six derniers mots sont peut-être de trop.

Gagner un Oscar : un gage de longévité

Si jamais Jean Dujardin lit ce livre, cette chronique est pour lui. Nommé à la cérémonie des Oscars 2012 dans la catégorie « Meilleur acteur » pour son rôle dans *The Artist*, l'acteur français pouvait y décrocher, le dimanche 26 février 2012, autre chose qu'un énième trophée : quelques années de vie en plus. C'est du moins ce que dit une étude publiée en 2001 dans les *Annals of Internal Medicine*. Ses auteurs, deux chercheurs canadiens, partant du principe que le statut social est un facteur déterminant pour l'espérance de vie, se sont intéressés à la mortalité des vedettes de cinéma. Plus précisément, ils ont voulu voir si l'accès à la marche ultime du *star system* que représente l'« oscarisation » avait un impact quantifiable sur le nombre d'années qu'acteurs et actrices passaient sur Terre.

Ils ont donc patiemment repris les listes de comédiens nommés aux Academy Awards (le nom officiel de la cérémonie des Oscars), de 1929 à 2000, dans les quatre catégories que sont le meilleur acteur et la meilleure actrice dans un rôle principal ou dans un second rôle. Les chercheurs ont ensuite construit un groupe témoin en choisissant, pour chaque acteur nommé, un collègue du même sexe et à peu près du même âge, jouant dans le même film. Cela a été possible la plupart du temps, à l'exception notable de Katharine Hepburn, retenue en 1952 pour son rôle dans *L'Odyssée de l'African Queen*, film dans lequel elle était la seule femme du casting… Mais comme l'actrice américaine a été nommée douze fois aux Oscars,

> « Comme dans toute étude sur l'espérance de vie, il a fallu faire la tournée des cimetières et rubriques nécrologiques. »

avec quatre victoires, cet accroc n'a guère eu d'importance. Trois groupes ont donc été constitués : lauréats (235 personnes), acteurs nommés mais jamais récompensés (527) et comédiens du groupe contrôle, n'ayant jamais fait l'objet d'une nomination (887).

Et, comme dans toute étude sur l'espérance de vie, il a fallu faire la tournée des cimetières et rubriques nécrologiques pour savoir qui, de ces 1 649 individus, était encore de ce monde et qui avait connu son ultime clap de fin. Au total, 772 acteurs étaient partis au-delà du boulevard du Crépuscule. Triste… mais excellent pour les statistiques. Les résultats confirment que les oscarisés, à défaut d'être des dieux vivants, se voient allouer une fraction d'éternité supplémentaire. Les lauréats ont en moyenne vécu 3,9 ans de plus que les membres du groupe contrôle, et 3,6 années de plus que les acteurs nommés mais pas récompensés. Ce gain, significatif, est analogue à celui que l'on observerait dans la population générale si le cancer disparaissait. Le fameux trophée doré s'avère un gage de longue vie et qu'on l'ait reçu pour un rôle principal ou un second rôle ne fait aucune différence. Mieux : plus on collectionne les Oscars, plus longtemps on en profite. Les récidivistes gagnent jusqu'à 6 années d'existence par rapport au groupe témoin !

Y a-t-il un grigri dans la statuette ? Sans doute pas. Selon les auteurs, si le succès donne un avantage de survie, il faut en chercher la raison ailleurs. Tout d'abord, les stars sont mieux nourries et mieux soignées que la moyenne des acteurs.

De plus, elles sont, via les médias, soumises à un contrôle permanent de leur vie, y compris privée, et doivent en permanence préserver leur image et éviter les comportements déraisonnables. Sans oublier une protection supplémentaire, celle des agents, managers et autres coaches qui chaperonnent et chouchoutent les oscarisés comme des poules aux œufs d'or…

Comment maigrir devant la télévision...

À quoi servent les programmes de télévision ? On se souvient de l'excellente réponse donnée en 2004 par un éminent spécialiste, Patrick Le Lay, à l'époque PDG de TF1 : *« Pour qu'un message publicitaire soit perçu, il faut que le cerveau du téléspectateur soit disponible. Nos émissions ont pour vocation de le rendre disponible : c'est-à-dire de le divertir, de le détendre pour le préparer entre deux messages. Ce que nous vendons à Coca-Cola, c'est du temps de cerveau humain disponible. »* Cette vidange des cerveaux, qui s'accompagne aussi souvent d'un remplissage des estomacs, occupe le plus gros des loisirs des êtres humains. D'où une équation énergétique que même un téléspectateur de TF1 en plein effort d'évacuation cérébrale pourrait résoudre : fesses dans le canapé + calories ingurgitées = bonheur des diététiciens et chirurgiens spécialisés en liposuccions.

« Pourquoi ne pas profiter des publicités, non pas pour aller vider sa vessie (après son cerveau), mais pour faire de l'exercice ? »

L'épidémie d'obésité se répand sur les pays riches. Une étude de 2010 estimait que 68 % des Américains étaient obèses ou en surpoids, en partie à cause d'un style de vie de plus en plus sédentaire. La même année, on apprenait qu'aux États-Unis, le téléspectateur moyen regardait son poste presque trente-huit heures par semaine. La machine à engraisser tourne… à plein régime. Pour en sortir, trois chercheurs de l'université de Knoxville (Tennessee) viennent d'avoir une idée que l'on qualifiera de… mmh… disons, d'originale : pourquoi ne pas profiter des publicités, non pas pour aller vider sa vessie (après son cerveau), mais pour faire de l'exercice ? Afin de convertir les avachis en actifs sans toutefois les débrancher de leur boîte à images sacrée, notre trio propose, dans un article publié en février 2012 par la revue *Medicine & Science in Sports & Exercise,* la marche sur place devant l'écran !

Encore fallait-il prouver, de manière scientifique, que cette activité physique consommait significativement plus de calories que le visionnage, assis, de la télé. Les chercheurs ont donc enrôlé vingt-trois individus de dix-huit à soixante-cinq ans (dont dix en surpoids et quatre obèses) et mesuré leurs dépenses énergétiques dans plusieurs cas de figure : trois pour connaître leur métabolisme de base – allongés, assis sans rien faire ou marchant sur un tapis roulant à 4,8 km/h – et deux « en situation » – assis pendant une heure à regarder la télévision et, toujours pendant une heure, se levant à chaque coupure publicitaire pour marcher sur place, au rythme d'une centaine de pas par minute et en prenant bien soin de lever à chaque fois le pied d'une quinzaine de centimètres. Sachant que les publicités occupaient vingt etune minutes de l'heure, les cobayes ont en moyenne dépensé 67 calories de plus (148 contre 81) en faisant du surplace face à l'écran qu'en restant dans leur canapé. Résultat convaincant. Donc, on se lève tous pour la pub…

Pourquoi, au lieu de préconiser cette improbable occupation, ces chercheurs n'ont-ils pas simplement recommandé aux Américains d'éteindre le poste de télévision et de sortir pour une promenade ? C'est malheureusement parce qu'ils connaissent la *« réticence »* de leurs compatriotes *« à abandonner de manière permanente une part de leur temps d'écran »* qu'ils ont privilégié cette approche associant exercice physique et petit écran. En toute logique, il ne reste donc plus, pour des raisons sanitaires évidentes, qu'à exiger la multiplication des réclames. Du coup, les programmes serviront à souffler entre deux publicités.

Comment accoucher sur une centrifugeuse

Dieu a dit à Ève : tu enfanteras dans la douleur. Deux inventeurs américains se sont, depuis, permis de moderniser la formulation divine : tu enfanteras dans la douleur et sur une centrifugeuse. En 1965, George et Charlotte Blonsky ont en effet déposé un brevet (numéro 3 216 423) qui occupe une place de choix au panthéon de l'improbablologie : une table d'accouchement rotative pour faciliter les naissances par l'effet de la force centrifuge. Il suffisait d'y penser.

Il faut, pour comprendre leur démarche, se mettre à la fois dans la peau de ces pauvres bébés – contraints d'avancer dans un conduit étroit, tels des soldats rampant sur le parcours du combattant – et dans celle de leurs mères. Citons le texte du brevet : *« On sait qu'en raison des conditions anatomiques naturelles, le fœtus a besoin d'une force considérable pour repousser les parois vaginales qui l'enserrent, surmonter la friction des surfaces utérines et vaginales et contrecarrer la pression atmosphérique s'opposant à sa sortie. »* Quant à la femme en couches, ses efforts ne s'avèrent pas moins considérables : *« À la femme qui a développé une bonne musculature et a fait suffisamment d'exercice physique tout au long de sa grossesse, comme c'est le cas chez tous les peuples primitifs, la Nature a donné l'équipement et la puissance nécessaires à une délivrance normale et rapide. Ce n'est cependant pas le cas des femmes plus civilisées, qui n'ont souvent pas l'occasion de développer la musculature requise pour accoucher. »* Sic.

Comment accoucher sur une centrifugeuse

« La centrifugeuse est entourée d'une enceinte circulaire afin que le personnel soignant ne se fasse pas couper en deux par la machine en pleine action. »

Mais que les mollassonnes sur le point de donner la vie ne se fassent pas de bile, George, Charlotte et leur centrifugeuse sont là pour les aider. Tout est prévu, tel est le mot d'ordre de ce brevet. La parturiente s'allonge sur la table de travail, la tête au niveau de l'axe de rotation. Pour éviter le décollage, elle doit bien accrocher ses ceintures : les pieds calés dans des étriers, le bassin coincé dans une espèce d'étui la maintenant bien parallèle à la table, des sangles au niveau des cuisses, une autre sous la poitrine et une dernière sur le cou. Un attirail nécessaire en cas d'évanouissement. Petite critique toutefois : il manque un distributeur de sacs à vomi. Pour des raisons de sécurité, la centrifugeuse est entourée d'une enceinte circulaire afin que le personnel soignant ne se fasse pas couper en deux par la machine en pleine action. Et au cas où il serait nécessaire d'arrêter la rotation en urgence, un frein à main est là. Tout est prévu, vous dit-on !

Pour le futur bébé, tout est calculé afin de prévenir un malencontreux accident. Un filet élastique (mais pas trop) au fond duquel se niche un douillet réceptacle en coton est disposé devant le vagin de sa future mère. Ce afin de récupérer le rejeton en douceur et d'éviter qu'il finisse sa très courte existence écrabouillé contre les parois de protection. Précisons en effet que, selon les chiffres donnés dans le brevet, la table peut, à son maximum de puissance, effectuer plus de quatre-vingts tours par minute. De quoi expulser aisément un bébé, son placenta et, en prime, quelques-uns des organes maternels.

Tout est prévu, donc. Y compris la future carrière du nouveau-né. Après cet entraînement précoce en centrifugeuse, où tu auras subi une accélération de 7 g lors de ta naissance, soit davantage que dans les attractions les plus spectaculaires des fêtes foraines, tu seras pilote de chasse ou astronaute, mon enfant.

Quand la bouteille de bière tourne au casse-tête

Comme elle le relate dans un article de 2008 publié par le *Journal of Forensic and Legal Medicine,* une équipe suisse du département de médecine légale de l'université de Berne, pourtant habituée à récupérer des candidats à l'autopsie après des bagarres de bar, s'est vu poser une colle par un tribunal : frapper un humain sur la tête à l'aide d'une bouteille de bière d'un demi-litre peut-il défoncer le crâne dudit humain, ou bien la bouteille se brisera-t-elle avant ?

Pas de problème votre honneur. Une petite expérience et nous vous donnons la réponse. Prenons tout d'abord une bouteille de bière que, selon la procédure mise au point par le scientifique improbable que fut Pierre Desproges, *« nous appellerons Catherine, en hommage à Catherine de Médicis, dont la contenance stupéfia son époque »*. Prenons ensuite un pilier de

> « De la bouteille pleine ou de la bouteille vide, laquelle est la plus difficile à casser, et donc la plus dangereuse ? »

comptoir, que nous nommerons John, en référence à John Wayne, lequel, dans les innombrables bagarres de saloon qu'il a jouées, a reçu sur la caboche plus de coups de bouteille que n'importe qui. Écrasons Catherine sur la… Pardon ? Il n'est pas déontologique de mener ce genre d'expérience avec un cobaye vivant ? Cela va nous compliquer la tâche.

Nos chercheurs suisses ont dû étudier autrement les propriétés physiques de Catherine et surtout la plus importante d'entre elles : de la bouteille pleine ou de la bouteille vide, laquelle est la plus difficile à casser, et donc la plus dangereuse ? Après avoir mesuré par tomographie les différentes épaisseurs de la paroi de verre et déterminé quelle partie était la plus fragile, les expérimentateurs y ont collé, à l'aide de pâte à modeler, une petite planchette de bois. Celle-ci simulait l'os du crâne, tandis que la pâte à modeler jouait le rôle des tissus mous du scalp. Puis, il a suffi de placer le tout en bas d'une tour d'impact – machine destinée à tester la résistance d'objets et de matériaux – et de laisser tomber dessus, depuis diverses hauteurs, une boule d'acier d'un kilogramme.

Résultat : une énergie de 30 joules était nécessaire pour briser les bouteilles pleines et il en fallait 40 pour les vides. Selon les chercheurs, une bonne raison explique cette différence notable : la bière étant un fluide quasiment incompressible, *« même une faible déformation de la bouteille due à l'impact de la boule d'acier entraîne une augmentation de la pression à l'intérieur de la bouteille et sa destruction »*, un phénomène rendu encore plus sensible en raison de la présence de gaz carbonique dans la boisson, ce qui n'est évidemment pas le cas avec une bouteille vide. Maintenant, est-ce que 30 ou 40 joules suffisent à briser

un crâne ? Les auteurs de l'étude n'ont pas placé de tête humaine dans la tour d'impact et se sont contentés de se référer à la documentation existante, établie à l'aide de cadavres. Aux endroits les moins solides, une fracture peut être obtenue avec une énergie de seulement 14 joules. Nos médecins légistes ont donc répondu « oui » à la question du tribunal.

Cas réglé ? Pas vraiment. Dans une réponse à cette étude, publiée quelques mois plus tard, deux chercheurs allemands considèrent cette conclusion hâtive. Ils expliquent qu'au cours de vingt essais menés sur des volontaires déjà décédés, il a été impossible d'obtenir une fracture du crâne en tapant dessus avec une bouteille (Catherine et John étaient faits pour se rencontrer). Décidément, la théorie ne vaut pas la pratique.

Et si on tirait au sort les députés ?

En période d'élections présidentielle et législatives, les Français pour la plupart glissent quatre fois un bulletin dans l'urne. A voté, a voté, a voté, a voté ! Ce choix des responsables politiques par l'électorat améliorera-t-il la situation de la société pour autant ? C'est la question iconoclaste qu'a posée en 2011 un quintette de chercheurs italiens (deux physiciens, un politologue et deux statisticiens) dans un article paru sur le site de prépublications scientifiques arXiv. Leur idée n'était pas de jeter la démocratie aux orties mais de rappeler que le gouvernement du peuple pour le peuple et par le peuple ne passait pas forcément par le bureau de vote : on peut très bien tirer au sort celles et ceux qui auront la responsabilité de diriger le pays et d'en faire les lois, tout comme le hasard désigne les jurés des tribunaux populaires.

Après tout, la démocratie athénienne ne procédait pas autrement pour choisir bouleutes et archontes. L'élection complexe du doge de Venise faisait elle aussi intervenir une bonne part de hasard. Le procédé, poursuivent ces chercheurs un brin utopistes, permettrait de réguler le régime des partis et serait plus égalitaire en menant au Parlement des citoyens de tous horizons politiques, de toutes origines sociales ou ethniques et, surtout, des deux sexes à parts égales. Finies ces Chambres bicolores où une oligarchie politique essentiellement masculine se préoccupe moins de l'intérêt général que de sa réélection. Finies aussi les campagnes électorales avec frénésie médiatique et sondages quotidiens contradictoires…

« Une Assemblée nationale complètement tirée au sort sera-t-elle plus efficace que celle élue ou bien faut-il concocter un cocktail des deux ? »

Encore faut-il s'assurer que le hasard fera vraiment bien les choses. Une Assemblée nationale complètement tirée au sort sera-t-elle plus efficace que celle élue ou bien faut-il concocter un cocktail des deux ? C'est là que la science improbable intervient avec une magnifique modélisation parlementaire basée sur les dernières avancées de la physique statistique. La Chambre aléatoire à 100 % est un échec retentissant. Certes, les projets de loi adoptés profitent tous au plus grand nombre mais les 500 députés virtuels décrits par ce modèle sont tellement indépendants les uns des autres que la plupart des textes n'obtiennent pas la majorité suffisante pour être votés ! Efficacité presque nulle.

Les partis politiques ont donc un peu de bon. Encore faut-il se débrouiller pour qu'aucun d'entre eux – ou qu'aucune coalition – ne détienne la majorité absolue car si c'est le cas, les textes de loi ne viseront plus à régler les problèmes collectifs mais plutôt à satisfaire des intérêts clientélistes ou corporatistes. Toute l'astuce consiste à réserver aux députés tirés au sort, censés avoir une vision plus altruiste de la politique, une part suffisante des sièges pour que les politiciens de métier soient contraints de déplacer le curseur de leur action législative vers l'intérêt général.

Cette étude sur les mérites de la « lotocratie » est une récidive. En 2010, la même équipe avait montré qu'en raison

Et si on tirait au sort les députés ?

du principe de Peter – lequel dit que, dans une entreprise ou une administration, tout employé finit, grâce au jeu des promotions, par atteindre son niveau d'incompétence –, il était plus efficace, lorsqu'un poste à responsabilités devenait vacant, de désigner son titulaire par tirage au sort. Suggérons donc à la Française des jeux de créer de nouveaux tickets : PDG au grattage, député au tirage…

Les craquements de doigts étudiés sur cinquante ans

« Ne louche pas : s'il passe un courant d'air, tu resteras comme ça ! » « Cesse de te tripoter, ça rend sourd » (ou bien aveugle ou chauve, suivant les pays…). Si l'on dressait un palmarès des idées reçues ineptes, les parents décrocheraient haut la main la médaille d'or dans la catégorie « Médecine ». Sans doute faut-il être indulgent et sentir une inquiétude latente pour la santé des enfants à travers ces phrases toutes faites, dont une des plus célèbres est *« Mange tes épinards, c'est plein de fer »*. On a beau savoir depuis les années 1930 qu'il s'agit d'une légende due à une erreur de virgule qui, mal placée, a multiplié par dix la teneur en fer de cette plante potagère, l'exemple de Popeye – lequel, pour avoir sa dose, aurait mieux fait de mâcher les boîtes de conserve plutôt que leur contenu – a

toujours des répercussions dans le cercle familial…

S'il est un médecin qui a été profondément marqué par l'influence de sa parentèle, c'est probablement Donald Unger. Né à la fin des années 1920, cet allergologue californien a très longtemps entendu cette antienne : *« Ne fais pas craquer les articulations de tes doigts, ça donne de l'arthrose. »* Comme il l'a expliqué dans une correspondance publiée en 1998 par la revue spécialisée *Arthritis and Rheumatism,* cet avertissement lui a été successivement donné par sa mère, ses tantes et, pour finir, sa belle-mère. De quoi renoncer pour toujours à faire exploser les petites bulles de gaz qui se forment lorsqu'on se tord les doigts. Mais Donald Unger est un chercheur dans l'âme. Y avait-il quoi que ce soit de scientifique – ou, au minimum, de juste – dans ce conseil de bonne femme ?

« Cet avertissement lui a été successivement donné par sa mère. »

Le mieux était encore de le tester. Sur lui-même. Voici donc le protocole qu'a mis au point notre médecin américain, tel qu'il le décrit dans cette lettre : *« Pendant cinquante ans, l'auteur a fait craquer les articulations des doigts de sa main gauche au moins deux fois par jour, en ne touchant pas à celles de sa main droite afin qu'elle serve de témoin. Par conséquent, les articulations de la main gauche ont craqué au moins 36 500 fois, pendant que celles de la droite n'ont craqué que rarement et de manière spontanée. À la fin des cinquante années, les mains ont été comparées pour juger de la présence ou non d'arthrose. »* Résultat d'un demi-siècle d'expérience : aucun signe d'arthrose et pas de différence entre les deux mains.

Donald Unger reconnaît que l'échantillon étudié – cinq doigts d'une seule main – est quelque peu restreint et que, même si son étude au long cours n'a pas montré de lien entre craquement d'articulations et arthrose, il faudrait, pour le confirmer, pratiquer le même type d'analyse sur un groupe plus large. Son appel a été entendu puisque, en 2011, un article paru dans le *Journal of American Board of Family Medicine* a montré que, sur un échantillon de plus de deux cents personnes âgées, celles qui se faisaient régulièrement craquer les jointures n'étaient pas plus victimes d'arthrose que les autres.

Quant à Donald Unger, il a, grâce à son étude, connu son quart d'heure de gloire en 2009, en recevant un IgNobel, ce prix couronnant les champions de la science improbable. Alors âgé de 83 ans, il a pris cette récompense avec humour : *« Mère,* a-t-il lancé vers les cieux, *je sais que tu m'entends. Mère, tu avais tort ! Et puisque j'ai ton attention, puis-je cesser de manger des brocolis s'il te plaît ? »*

Le beaujolais, champion de la supraconductivité

En 2011, le monde de la physique a célébré les cent ans de la découverte de la supraconductivité, cette propriété étonnante qu'ont certains matériaux de conduire le courant électrique sans aucune résistance. Le phénomène, qui laisse espérer que l'on transporte un jour de l'électricité sans pertes, est d'un intérêt industriel évident, mais la supraconductivité ne fonctionne qu'à des températures très basses et de nombreux laboratoires dans le monde cherchent des matériaux facilitant le procédé. Une équipe japonaise, sans doute pour arroser ce centenaire, a exploré une voie inattendue en voulant déterminer si le fait d'imbiber des alliages dans des boissons alcoolisées pouvait *« doper »* l'apparition de leur supraconductivité. Paru en mars 2011 dans la revue *Superconductor Science and Technology*, l'article qui relate leurs expériences ne précise malheureusement pas le nombre de bouteilles que l'équipe a éclusées avant de mettre au point cet improbable projet de recherche.

Voici le détail de son protocole expérimental : après avoir fabriqué des granulés à base de fer, de tellurium et de soufre, elle les a trempés pendant vingt-quatre heures dans plusieurs boissons alcoolisées du commerce portées à la température de 70 °C. Les pastilles ont ainsi fait le tour du bar – visiblement bien fourni – du laboratoire, « goûtant » à la bière, au vin blanc, au vin rouge, au whisky, au saké et au shochu, une eau-de-vie japonaise distillée à partir de divers ingrédients comme

« il leur fallait savoir ce qui, dans le vin rouge, favorise la supraconductivité. »

le riz, l'orge ou la patate douce. Les chercheurs ont aussi soumis leurs granulés à de l'eau et à de l'éthanol pur, ainsi qu'à différents mélanges des deux, afin de savoir si le degré d'alcool jouait un rôle éventuel.

Le résultat de ces diverses dégustations a été stupéfiant, comme l'expliquent les auteurs de l'étude : *« Nous avons trouvé que les boissons alcoolisées du commerce, chauffées, étaient efficaces pour induire la supraconductivité, comparées à de l'eau pure, à de l'éthanol et à des mélanges eau-éthanol.»* La concentration en alcool n'est pour rien dans l'affaire puisque, dans ce concours de bibine, c'est le vin rouge qui l'a emporté haut la main, tandis que le shochu a fini à la traîne bien que titrant 35°. Mais nos chercheurs nippons ne pouvaient se contenter de ce simple constat. Il leur fallait savoir ce qui, dans le vin rouge, favorise la supraconductivité.

D'où une seconde expérience : patron, une autre tournée générale ! Cette fois-ci, l'équipe s'est concentrée sur le bon gros bleu qui tache : six vins constitués à partir de différents cépages (quatre vins français, un italien et un japonais…) ont ainsi été testés, comme le rapporte l'étude qui vient d'être mise en ligne sur le site de pré-publications scientifiques arXiv. Le mystérieux composé qui aide à la supraconductivité est l'acide tartrique et la médaille d'or de l'expérience est revenue au… beaujolais ! Même si on est loin de tremper les lignes électriques dans le jaja, voilà qui ouvre des perspectives insoupçonnées à la viticulture française. Si la science improbable continue de s'en mêler, entre boire et supraconduire, il faudra bientôt choisir.

Pourquoi Dupond et Dupont tournent en rond

Dans *Tintin au pays de l'or noir*, les deux inénarrables policiers Dupond et Dupont partent dans le désert à la recherche de Tintin. Au bout de quelques jours de route, égarés, ils finissent par trouver les traces d'un véhicule et les suivent, sans s'apercevoir qu'il s'agit de celles… de leur propre jeep. La même mésaventure leur arrive dans *On a marché sur la Lune,* quand, après avoir gambadé sur notre satellite, ils tombent sur une double série d'empreintes de pas… Tout comme Tolstoï avant lui, qui, dans sa longue nouvelle *Maître et serviteur*, avait fait tourner en rond son héros pris dans une tempête de neige, Hergé a souscrit à cet adage populaire qui veut que des personnes perdues reviennent sans le savoir sur leurs pas.

En 2009, à l'invitation d'une chaîne de télévision allemande, une équipe de chercheurs a voulu vérifier si cette croyance avait un fondement réel car la littérature scientifique semblait muette sur le sujet. Ils ont donc testé la capacité des humains à avancer en ligne droite sur des terrains inconnus et dans deux environnements différents : une grande forêt allemande et le désert du Sahara. Les participants à ces tests devaient marcher plusieurs heures d'affilée en tâchant de suivre un cap défini au départ par les expérimentateurs. La trajectoire des cobayes était enregistrée grâce à un appareil de positionnement par satellite.

Premier enseignement de cet étude : tant qu'ils peuvent voir le Soleil, nos amis *Homo sapiens* parviennent sans problème

« Mais qu'est-ce qui nous fait virer de bord quand la boussole solaire disparaît du paysage ? »

à suivre une trajectoire plus ou moins rectiligne. En revanche, si l'astre du jour se cache derrière les nuages ou se couche, le chemin que dessine le promeneur solitaire se tord et se tortille, se courbe et se recoupe. Ainsi, sur les six expériences forestières, les quatre menées par temps couvert ont donné des tracés tourmentés. Trois des cobayes sont même revenus sur leurs pas sans s'en apercevoir. Quant à l'unique courageux qui a marché de nuit dans le Sahara, il a pu s'en tirer tant que la Lune était visible. Ensuite, il a réalisé un magnifique et inconscient demi-tour…

Mais qu'est-ce qui nous fait virer de bord quand la boussole solaire disparaît du paysage ? Le deuxième enseignement de cette étude nous dit que les assymétries corporelles (par exemple être droitier ou gaucher du pied ou bien avoir une jambe plus forte ou plus courte que l'autre) n'y sont pour rien. Pour exclure cette possibilité, les auteurs de l'étude se sont livrés à une seconde série d'expériences où les participants devaient, les yeux bandés, marcher droit devant eux pendant cinquante minutes – sur un terrain sans arbres. Au bout de seulement quelques décamètres, la trajectoire de chacun est devenue complètement chaotique, sans qu'une quelconque corrélation puisse être établie entre les boucles que certains traçaient et leurs assymétries corporelles.

Selon les chercheurs, l'hypothèse la plus plausible pour expliquer que l'homme privé d'un fort repère visuel ou sonore se mette à tourner en rond lorsqu'il marche est que son système interne de gestion du déplacement est très vite saturé en informations et ne sait plus gérer la situation. Ce n'est cependant qu'une hypothèse et, comme le fait remarquer l'étude, il y a une certaine ironie à voir qu'à l'époque où la géolocalisation ultra-précise est partout, dans les avions, les voitures et les téléphones portables, nous en sachions si peu sur la manière dont fonctionne notre propre sens de l'orientation.

Morts sur la route des élections

À moins d'avoir passé les dernières années dans le coma, sur une île déserte ou dans un simulateur de mission spatiale pour la planète Mars, il est difficile d'ignorer que 2012 fut une année à élections présidentielles, en Russie, en France et aux États-Unis, pour ne citer que ces pays. Alors que les Français s'apprêtaient à se rendre aux urnes, le dimanche 22 avril 2012, afin de désigner celui ou celle qui deviendrait locataire du palais de l'Elysée durant les cinq prochaines années, il était du devoir de la science improbable (et de celui qui s'en fait le chroniqueur) de les avertir : autant accomplir son devoir électoral est un exercice salutaire pour la démocratie, autant ceux qui le remplissent jouent avec leur vie. Certes il n'est pas question d'inscrire « Voter tue » sur chaque bulletin mais, selon une étude publiée en 2008 dans le *Journal of the American Medical Association* (*JAMA*), la Camarde profite de chaque élection présidentielle pour prélever une taxe supplémentaire sur les vivants.

Les deux auteurs de cet article, Donald Redelmeier (université de Toronto, Canada) et Robert Tibshirani (université Stanford, Californie), sont partis du constat suivant : *« Les résultats des élections présidentielles américaines ont d'importants effets sur la santé publique, par leur influence sur la politique de santé, l'économie et par le biais de diverses décisions politiques. Nous n'avons pas connaissance d'études testant si, lors de ce scrutin, le processus électoral lui-même a un effet direct sur la santé publique. Nous émettons l'hypothèse que la mobilisation d'environ 50 % à 55 % de la population, couplée à la dépendance des Américains pour l'automobile, pourrait conduire à une augmentation des accidents de la circulation fatals au cours des élections présidentielles aux États-Unis. »*

> « La Camarde profite de chaque élection présidentielle pour prélever une taxe supplémentaire sur les vivants. »

Et nos deux chercheurs de récupérer toutes les données concernant les décès sur la route lors des huit scrutins présidentiels ayant eu lieu de 1976 (élection de Jimmy Carter, parti Démocrate) à 2004 (réélection de George W. Bush, parti Républicain). Cette élection ayant toujours lieu un mardi, ils ont à chaque fois comparé le nombre de morts ces jours-là avec les mardis ayant précédé les votes et les mardis les ayant suivis. N'ont été retenus que les accidents mortels survenus pendant les heures d'ouverture des bureaux de vote, soit de 8 heures du matin à 19 h 59. Le résultat est sans appel : à chaque jour d'élection se sont en moyenne tuées sur la route 158 personnes sur le territoire américain, soit treize par heure, tandis que les mardis « normaux » n'ont fait que 134 victimes, soit onze par heure. Le mort-type est un homme jeune des États du Sud.

Pour expliquer cette surmortalité, constante au cours des décennies, les auteurs évoquent plusieurs facteurs : une circulation plus dense que d'habitude, une méconnaissance de la route menant au bureau de vote, le stress dû à la présence plus importante de forces de police dans les rues, les erreurs de personnes peu habituées à prendre le volant ou, plus simplement, la distraction du conducteur en ce jour important. Deux versions : *« Bon, Sarkozy ou Poutou, lequel est le mieux ? »*

Crash ! Ou bien : *« Chérie, tu ne peux pas me faire ça ! Je te jure que si tu votes pour ce candidat, moi je mets dans l'urne un bulletin pour… »* Bang !

Le signataire de ces lignes refuse d'être tenu responsable du taux d'abstention du dimanche 22 avril 2012.

M. Py est-il un bon prof de maths ?

En 1937, le psychologue américain Gordon Allport suggéra que notre nom de famille était un élément important dans la constitution de notre personnalité en raison de ses connotations, qu'elles soient physiques (Legrand, Legros, Petit, Roux…), psychologiques (Lebon, Ledoux) ou qu'elles donnent des indices sur l'origine géographique ou ethnique de la lignée. Même si nous ne sommes que de lointains héritiers de ceux qui, les premiers, ont porté notre patronyme, les autres membres de la société se servent plus ou moins consciemment de ces indices pour se faire une idée de nous. Plusieurs études ont ainsi mis en évidence que nous activions des stéréotypes négatifs à l'évocation de noms d'origine étrangère. À l'inverse, plus un nom est fréquent, plus il bénéficie d'un *a priori* positif.

Chercheur en sciences du comportement à l'université de Bretagne-Sud, Nicolas Guéguen est un spécialiste du décryptage

M. Py est-il un bon prof de maths ?

« M. Lemaître et, dans une moindre mesure, M. Lebon ont été les plus sollicités par les parents voulant renforcer les acquis - ou combler les lacunes - de leurs rejetons. »

de ces détails en apparence saugrenus mais qui en disent parfois long sur la psychologie de l'être humain. Après s'être intéressé au succès des auto-stoppeuses en fonction de leur tour de poitrine ou de la couleur de leur T-shirt, et après avoir prouvé que l'on dépensait plus d'argent chez le fleuriste si des chansons d'amour y étaient diffusées en fond sonore, il s'est, avec son collègue Alexandre Pascual (université de Bordeaux Segalen), demandé si porter un nom lié à sa profession était un « plus ».

Comme il est un peu difficile de savoir si les clients de M. Boulanger pensent que son pain est meilleur que celui de ses concurrents ou si Mme Marchand est une commerçante particulièrement douée, ces deux chercheurs ont imaginé une petite expérience amusante. Ils ont passé plusieurs petites annonces pour des cours particuliers de mathématiques donnés par un enseignant fictif affublé de noms différents : suivant les cas, il s'appelait Lemaître, Lebon, Legrand (pour tester une caractéristique physique), Martin (pour voir si le plus courant des patronymes avait un surplus de capital-sympathie), Leray et Le Gal (pour évaluer des noms un peu moins communs mais ayant une structure syntaxique analogue aux trois premiers). Comme le montrent les résultats parus en 2011 dans la *Revue internationale de psychologie sociale*, le bien nommé M. Lemaître et, dans une moindre mesure, M. Lebon ont été les plus sollicités par les parents voulant renforcer les acquis – ou combler les lacunes – de leurs rejetons.

Dans une seconde expérience très semblable publiée la même année par la revue *Names*, les sieurs Guéguen et Pascual sont allés plus loin : les professeurs de mathématiques de leurs petites annonces s'appelaient Py, Rie (même consonance que le premier) et Le Gal. Qui a été plébiscité ? L'homonyme du nombre pi, bien sûr, avec près de la moitié des appels téléphoniques – 45,4 % exactement car, même imaginaire, M. Py aime les résultats précis. Les auteurs de l'étude supposent que ce *« nom de famille a probablement été interprété comme une sorte de prédestination à devenir un mathématicien et sans doute un bon mathématicien »*.

L'élection présidentielle de 2012 aurait pu nous apporter un éclairage supplémentaire. Mais nous ne saurons malheureusement pas si, avec Mme Joly à l'Elysée, la vie aurait été plus belle ou si avec M. Poutou, tous les Français auraient eu double ration de bisous tous les jours. Bon, j'arrête là mes moqueries. Avec le nom que je porte, je risque trop de me faire massacrer.

Pour quelle crotte les bousiers votent…

Publiée à la veille du second tour de l'élection présidentielle de 2012, cette chronique devait, pour des raisons d'impartialité, s'abstenir de parler de politique. Il donc été décidé qu'elle s'intéresserait à un tout autre sujet, une étude déterminant celui qui, parmi une dizaine de mammifères, produisait la crotte préférée des bousiers. Il existe de nombreuses espèces de ces insectes coprophages : d'aucuns modèlent leur butin en boulettes qu'ils roulent jusqu'à leur terrier tandis que d'autres élisent domicile dans l'excrément qu'ils ont trouvé. Certains bousiers sont des fidèles en crotte et ne consomment que celles d'un seul mammifère tandis que d'autres, plus versatiles, sont capables de manger, pourrait-on dire, à tous les rateliers.

Mais comment savoir quel est leur favori ? Les instituts de sondage étant incompétents en ces matières, les auteurs de l'étude parue dans le numéro d'avril d'*Environmental Entomology* ont décidé de… faire voter les bousiers. L'objectif premier de ces deux chercheurs américains de l'université du Nebraska était de savoir si l'introduction de mammifères exotiques risquait de perturber les insectes coprophages du cru et si ceux-ci étaient adaptés au nettoyage d'excréments venus d'ailleurs. Tous les entomologistes ont en effet été marqués par l'histoire de l'Australie qui s'est transformée en un immense champ de bouses il y a quelques décennies et a dû importer des bousiers à prix d'or, les espèces autochtones,

Pour quelle crotte les bousiers votent…

« Les échantillons, frais du jour, arrivaient tout droit d'un zoo local, à l'exception de ceux d'Homo sapiens, dont l'article tait la provenance. »

habituées aux productions des marsupiaux, étant incapables de gérer les déjections bovines.

Les auteurs de l'étude ont donc proposé une dizaine de candidats fécaux, servant d'appâts dans des pièges. Se présentaient des excréments d'espèces typiquement nord-américaines (bison, élan, cougar), d'animaux récemment importés sur le continent (âne, homme, cochon) et d'espèces plus exotiques (chimpanzé, tigre, lion, zèbre, antilope), ainsi que des charognes – de rats – qui attirent parfois les bousiers. Les échantillons, frais du jour, arrivaient tout droit d'un zoo local, à l'exception de ceux d'*Homo sapiens*, dont l'article tait la provenance. Les chercheurs ont d'ailleurs reconnu qu'il était *« difficile de trouver des volontaires pour des études de ce genre »*, sous-entendant qu'ils avaient dû se mettre eux-mêmes à contribution. Les excréments étaient placés dans une cinquantaine de pièges répartis sur un ranch de 4 000 hectares. Ces urnes d'un style un peu particulier étaient relevées tous les jours : les chercheurs comptaient et identifiaient les insectes capturés, qu'ils relâchaient ensuite à 1 km de là. L'étude s'est étalée sur les années 2010 et 2011 et a fait participer plus de 9 000 bousiers.

Résultats du scrutin après fermeture des bureaux de vote : la crotte de chimpanzé et celle d'homme arrivent largement en tête et au coude à coude, ce qui s'explique par le fait que les déjections d'omnivores sont très odorantes. La troisième place est occupée par la charogne de rat qui, avec ses relents nauséabonds, a un pouvoir attractif certain. L'autre omnivore du groupe, le cochon, termine quatrième. Les chercheurs notent que les insectes manifestent un intérêt marqué pour la nouveauté fécale, les bouses de bison auxquelles ils sont habitués depuis des dizaines de millénaires ayant fini à la dernière place.

Toute ressemblance avec le premier tour de l'élection présidentielle de 2012 ne serait qu'une pure coïncidence.

La vie terrestre à la conquête de la galaxie

Les circonstances de l'apparition de la vie sur Terre demeurent, encore aujourd'hui, mystérieuses. Au Ve siècle av. J.-C., le philosophe grec Anaxagore imagina que les germes de la vie provenaient de l'espace et qu'ils avaient trouvé sur notre planète les conditions favorables à leur développement. Cette théorie dite de la panspermie a connu une renaissance au XIXe siècle et ses tenants actuels s'appuient notamment sur le fait que certaines bactéries, dites extrêmophiles, résistent sans trop de problème aux températures extrêmes, au vide, aux rayonnements ionisants, toutes les conditions sympathiques d'un séjour prolongé dans l'espace.

Mais on peut aussi renverser la théorie de la panspermie et dire que la Terre a essaimé la vie autour d'elle. Par quel

« Puisque l'on trouve sur Terre des météorites venues de la Lune ou de Mars, il y a des chances pour que notre planète leur ait rendu la pareille. »

moyen ? Grâce aux astéroïdes qui, depuis la nuit des temps, sont venus se fracasser contre notre boule bleue, expédiant dans l'espace des kilomètres cubes de terre, de roche et d'océan, remplis de nos bons vieux microbes. Puisque l'on trouve sur Terre des météorites venues de la Lune ou de Mars, il y a des chances pour que notre planète leur ait rendu la pareille. Oui, mais combien de chances ?

C'est à cette question quelque peu improbable qu'une équipe de physiciens japonais de l'université de Kyoto a répondu dans une étude publiée en 2010 dans le *Journal of Cosmology*. Ils se sont intéressés à l'astéroïde de 10 km de diamètre qui, il y a 65 millions d'années, nous a gentiment débarrassés des plus gros des dinosaures, n'épargnant que les ancêtres des oiseaux. Pendant que ce titanesque rocher procédait à la cinquième extinction du vivant, n'organisait-il pas dans le même temps les semailles de la vie terrestre dans tout le système solaire ? La réponse de ces chercheurs nippons est un « oui » franc et massif.

Le matériel éjecté dans cette opération « Panspermie » a, selon toute vraisemblance (ou du moins selon ces calculs), atteint plusieurs astres du système solaire. Les modèles envisagés ne possèdent pas tous le même degré d'optimisme mais tous disent que la Lune a été copieusement arrosée : malgré son modeste diamètre, plusieurs centaines de millions de petits débris, voire plusieurs milliards lui sont tombés dessus en raison de sa proximité. Mars n'est pas en reste et il est finalement probable, à en croire les chiffres de cette étude, que si l'on découvre un jour une bactérie sur la planète Rouge, il s'agisse d'un microbe terrestre émigré. De la même manière, Europe, le satellite de Jupiter dont on pense qu'il abrite un océan souterrain, a dû recevoir la visite de cailloux bien de chez nous.

La Lune, Mars, Europe… et au-delà ? Une fois parti à grande vitesse, rien n'arrête le matériel éjecté, qui peut aussi quitter le système solaire et naviguer, en ambassadeur de la Terre, vers les étoiles. Les chercheurs nippons ont voulu savoir s'il avait des chances d'atteindre le système solaire de l'étoile Gliese 581 autour de laquelle gravitent plusieurs planètes dont deux sont susceptibles d'être « habitables ». La probabilité est faible, disent-ils, mais pas nulle puisque plusieurs gros astéroïdes ont frappé la Terre depuis sa naissance. Notre vie a largement eu le temps de se propager dans la galaxie. Il n'est donc pas fou de considérer les extra-terrestres qui, selon certains ufologues, nous rendent fréquemment visite, comme de lointains cousins venus en pélerinage sur la terre de leurs ancêtres…

Comment bien faire exploser une vache congelée

Même si certains scientifiques les croient capables de s'aligner sur les lignes du champ magnétique terrestre, les vaches n'ont pas forcément le sens de l'orientation. La dernière preuve en date en a été donnée pendant l'hiver 2011-2012 dans les montagnes Rocheuses où une partie d'un troupeau paissant non loin d'Aspen, la Chamonix du Colorado, s'est égarée dans le blizzard. Les pauvres bêtes ont tenté de trouver refuge dans une cabane de garde-forestier à 3 400 m d'altitude mais le froid a été le plus fort. Une demi-douzaine sont mortes dans la cahute et le reste à l'extérieur. Leurs cadavres congelés ont été retrouvés à la fin du mois de mars 2012.

La question s'est aussitôt posée de savoir comment s'en débarrasser. L'endroit fait partie d'une réserve naturelle protégée et se situe près de sources d'eau chaude prisées des randonneurs. Il était exclu de laisser les vaches se décongeler puis se décomposer : cela risquait de polluer sol et sources mais aussi d'attirer des ours à proximité des promeneurs. Pas question non plus de les brûler, ni de les équarrir à la tronçonneuse : la réglementation très stricte de ces réserves interdit l'utilisation d'engins à moteur. Restait donc la méthode que, dans les *Tontons flingueurs,* Raoul Volfoni, interprété par Bernard Blier, préconise pour éliminer l'encombrant – et vivant – Monsieur Fernand, *alias* Lino Ventura : *« Je vais lui montrer qui c'est Raoul. Aux quatre coins de Paris qu'on va le retrouver, éparpillé par petits bouts, façon puzzle. Moi, quand on m'en fait trop,*

Comment bien faire exploser une vache congelée

je correctionne plus : je dynamite, je disperse, je ventile ! »

« La carcasse est enveloppée dans 25 kg d'explosifs et il n'en reste généralement plus rien un jour après le bang. »

La méthode badaboum, donc. Et cela tombe très bien : il existe dans la documentation du parfait garde-forestier américain une savoureuse petite fiche technique intitulée « Anéantir les carcasses d'animaux avec des explosifs », bien utile quand de gros mammifères comme les chevaux, les élans ou les vaches égarées ont eu la mauvaise idée de trépasser sur des terrains impraticables pour des véhicules. Digne de figurer dans le *Manuel des Castors Juniors*, cette fiche propose deux solutions différentes : soit le déchiquetage, soit la désintégration. La première solution est plus économe en explosifs puisque seulement 9,1 kg de bâtons de TNT sont nécessaires. Trois bâtons au niveau de la cuisse, trois autres sur les flancs, trois à l'épaule de la bête, trois à hauteur du cou et de la tête et deux pour chaque patte (il est tout de même conseillé de faire appel à un expert ès explosifs). Cette option minimale qui va démembrer l'animal et expédier ses morceaux dans l'environnement est à retenir quand il n'y a pas d'urgence : il faut en effet laisser le temps aux charognards de toutes sortes de faire ensuite le ménage. La fiche signale également qu'il est plus prudent de retirer les sabots des bêtes avant l'explosion, pour ne blesser personne. La seconde option est plus radicale : la carcasse est enveloppée dans 25 kg d'explosifs et il n'en reste généralement plus rien un jour après le bang.

Finalement, début mai 2012, les gardes-forestiers du Colorado ont dû se décider pour une autre solution, impliquant moins de TNT mais plus d'huile de coude : découper tous les cadavres de vaches avec de bonnes vieilles scies. Les morceaux ainsi obtenus ont été dispersés loin des sources et des pancartes les signaleront pour éviter aux randonneurs de déranger les ours en plein repas. Et ne pas se retrouver avec de nouveaux cadavres sur les bras.

L'homme, son territoire, sa place de parking...

Les espaces publics appartiennent à tout le monde et à personne en particulier. Pourtant, de nombreuses études de psychologie ont souligné que l'humain aime à marquer, occuper et défendre des portions de ce territoire ouvert à tous. Une expérience a ainsi montré qu'au jeu du « qui va à la chasse perd sa place », les habitués des bibliothèques étaient davantage prêts à réclamer le box individuel qu'ils retrouvaient occupé après l'avoir momentanément laissé, plutôt qu'un emplacement à une table. Comportement voisin dans les cabines téléphoniques – fort utilisées au temps lointain du XXe siècle –, où les cobayes d'une étude de 1989 passaient des communications plus longues quand un usager patientait à la porte que lorsqu'il n'y avait personne…

territoire. La réponse fut positive, avec un temps d'attente allongé de près de 40 % dans le second cas. Pour raffiner leurs résultats, les chercheurs ont aussi introduit une variante croustillante : une partie des complices arrivait au volant d'un vieux break fatigué, l'autre conduisait une berline récente

valant plusieurs dizaines de milliers de dollars. L'idée était de voir si le statut social présumé de l'intrus influait sur la réponse. Cela ne marcha que chez les hommes : lorsque la belle voiture se présentait, ils se dépêchaient de faire place nette tout comme certains animaux mâles abandonnent le territoire dès que se montre un mâle haut placé dans la hiérarchie du groupe…

Les chroniqueurs politiques nous raconteront peut-être un jour si, au mois de mai 2012, les ministres sortants, amers à l'idée de laisser à d'autres les palais de la République, grappillèrent des minutes supplémentaires de pouvoir en faisant attendre leurs successeurs sur le perron. Sans crainte cette fois d'un malpoli coup de klaxon ou d'un « *Casse-toi, pauv' con* ».

Crinch, crunch, fait la chips fraîche !

L'été approche, les beaux jours reviennent… et si on improvisait un pique-nique ? Mon amour, il doit rester un paquet de chips à peine entamé au fond du placard. La chose est bien là mais son contenu a eu un coup de mou. Mais qu'à cela ne tienne, nous allons lui restituer toute sa fraîcheur grâce à la science et à une sono, car nous mangeons aussi avec… nos oreilles. Certes la langue nous donne le goût des aliments, mais les plaisirs de la chère passent aussi par le nez pour les arômes, l'ensemble de la bouche pour la texture, les yeux pour l'aspect appétissant, et les oreilles, donc, pour le croquant des carottes crues et le croustillant des chips non éventées.

Dans une étude publiée en 2004 par le *Journal of Sensory Studies,* deux chercheurs de l'université d'Oxford, préoccupés par l'influence des indices sonores sur le jugement que l'on se fait de la nourriture, se sont donc intéressés au crinch-crunch de la chips. Tout en recrutant des cobayes, ils ont fait l'emplette de boîtes de ces célèbres chips empilées dans des tubes, lesquelles, reconstituées à partir de pommes de terre déshydratées, présentent une homogénéité de forme, de texture et d'arôme parfaite pour une expérience scientifique. Ils ont ensuite assis leurs cobayes dans une cabine en leur demandant de mordre dans ces chips avec leurs seules incisives et en les recrachant aussitôt après, sans les mâcher. L'opération se faisait devant un microphone et le son ainsi capté était renvoyé aux participants par le biais d'écouteurs. Les

> « Ils ont ensuite assis leurs cobayes dans une cabine en leur demandant de mordre dans ces chips avec leurs seules incisives. »

« goûteurs » devaient noter de zéro (molle, périmée) à cent (hyper-craquante et toute fraîche) le croustillant et la fraîcheur de chaque chips croquée.

Même si l'article précise bien que l'étude a été menée en conformité avec les règles éthiques sur les expérimentations humaines établies dans la déclaration d'Helsinki de 1964, les cobayes ignoraient le but véritable du test et la manipulation dont ils faisaient l'objet. En effet, le crinch-crunch qui leur arrivait aux oreilles n'était pas toujours, suivant la chips, le son authentique saisi par le micro. Parfois, tout le signal sonore était amplifié ou diminué et, parfois, seules les fréquences les plus élevées l'étaient, qui correspondent au craquement caractéristique de la chips qui cède sous la dent.

Les résultats ont été très parlants. Alors que les chips étaient toutes identiques, la note sur le croustillant est allée de 54 en moyenne quand le son était assourdi à 85 quand il était augmenté et qu'en plus ressortaient les fréquences les plus hautes. Le son véritable a quant à lui obtenu la note de 71. La notation de la fraîcheur a suivi une courbe très semblable. Par une expérience relativement simple, on a donc pu manipuler les sensations des participants. Ces derniers ont d'ailleurs, pour 75 % d'entre eux, pensé que les chips qu'ils testaient provenaient de paquets différents…

Comme la notion de fraîcheur est directement associée au croustillant, les chercheurs se demandent si les industriels de l'agro-alimentaire ne pourraient pas modifier la microstructure de leurs produits pour les rendre plus bruyants sous la dent ou pour que les sons soient émis dans la gamme la plus associée aux plaisirs gustatifs. Ils pensent aussi aux personnes âgées qui pourraient compenser la perte partielle de leur goût et de leur odorat par des sensations sonores plus intenses. À condition de mettre le sonotone à fond.

Les joies du football martien

Le destin de l'humanité étant indubitablement de quitter son berceau, la Terre, il y a fort à parier qu'elle voudra emporter avec elle les joyaux de sa civilisation – au premier rang desquels figure le sport… En 1971, l'astronaute américain Alan Shepard avait ouvert la voie en jouant quelques coups de golf sur la Lune, à une seule main, son scaphandre n'ayant malheureusement pas été étudié pour le swing. D'ici quelques siècles, nos descendants auront colonisé la planète Mars mais se pose une angoissante question : pourra-t-on y pratiquer le football ?

La question n'est pas si absurde puisque… la science y a déjà répondu, dans un article publié en 2010 par le *Journal of Physics Special Topics*. Le football ayant été inventé outre-Manche, qui d'autre que des Britanniques (en l'occurrence trois représentants de l'université de Leicester) pouvait s'attaquer

« Les auteurs de l'étude ont calculé qu'un tir puissant, une « patate », allant à 50 m dans un stade terrestre, parcourrait plus de 200 m sur un stade martien. »

au problème de l'adaptation du sport numéro 1 aux conditions martiennes ? Deux différences fondamentales entre la Terre et Mars doivent, disent-ils, être prises en compte pour qui veut shooter dans un ballon sur la planète Rouge. Tout d'abord, la masse de Mars est nettement inférieure à celle de la Terre, ce qui fait que la gravité y est plus faible : 3,71 m/s^2 contre 9,81 m/s^2 sur notre plancher des vaches. Un changement substantiel pour un sport basé sur le déplacement d'une masse sphérique.

L'autre différence concerne l'atmosphère. Si l'on met de côté sa basse température et la quasi-absence d'oxygène, qui obligeront les joueurs à évoluer en scaphandres chauffés, l'atmosphère martienne présente aussi le défaut d'être beaucoup plus ténue que la nôtre. Cela aura un impact majeur sur la traînée. Alors non, il ne s'agit pas de la fille facile qui rôdera autour des joueurs de l'équipe de France martienne, mais de la force qui s'oppose au mouvement dans un fluide (dans le cas présent, l'air). Pour le dire clairement, sur Mars, la résistance de l'air est très faible. Les auteurs de l'étude ont calculé qu'un tir puissant, une « patate », allant à 50 m dans un stade terrestre, parcourrait plus de 200 m sur un stade martien, soit deux fois la longueur d'un terrain de foot ! Les gardiens de but auraient soudain nettement plus de chances de marquer. En revanche, les artistes de la baballe seraient très déçus. Notamment les spécialistes des tirs à la trajectoire incurvée, due à un savant effet de rotation donné au « cuir ».

Les joies du football martien

Sans résistance de l'air, les Platini du futur, les cadors du coup franc dit brossé, n'auront plus qu'à se brosser. La plupart de ces problèmes (hormis celui de la gravité) pourront néanmoins, dit l'article, être résolus en faisant disputer les matches dans des stades-bulles à l'atmosphère recréée.

L'honnêteté nous oblige à dire que le *Journal of Physics Special Topics* n'est pas une véritable revue de recherche mais une publication de l'université de Leicester dans laquelle les étudiants s'entraînent à l'art codifié de l'article scientifique. Le journal a toutefois un comité de lecture qui sélectionne les « papiers » reçus comme le ferait une vraie revue et en vérifie contenu et références. Comme l'originalité et l'humour n'y sont pas bridés, le chroniqueur de la science improbable tente d'y repérer ceux qui seront demain ses fournisseurs de sujets…

Le guide de la parfaite autostoppeuse

Une somme conséquente d'études a montré que, dans le choix d'une partenaire, les hommes prenaient particulièrement en compte l'attractivité physique de ces dames – tandis que celles-ci privilégiaient plutôt un statut social élevé et de bonnes perspectives financières (c'est ce que la science dit en tout

EUH... EN FAIT, J'AI CHANGÉ D'AVIS... JE.. MA FEMME M'ATTEND !

« Sans trop de surprise, le nombre d'arrêts d'automobilistes mâles a augmenté proportionnellement au tour de poitrine... »

cas...). Reste à définir les caractéristiques qui signent le pouvoir d'attraction des femmes. C'est là qu'entre en scène... l'autostoppeuse. Il s'agit en effet d'un des outils d'expérimentation favoris de Nicolas Guéguen, chercheur en sciences du comportement à l'université de Bretagne-Sud, qui a déjà eu les honneurs de cette chronique sur la science improbable.

L'homme s'est fait une spécialité de manipuler l'apparence extérieure d'autostoppeuses complices et de mesurer l'impact de ces changements sur le nombre d'arrêts des automobilistes. Et Nicolas Guéguen n'est jamais déçu. Prenons les trois dernières expériences qu'il a menées, dont les résultats ont respectivement été publiés en 2007, 2009 et 2010. Dans la première, partant de l'idée que la taille des seins est devenu un atout capital dans le jeu de la séduction, au point que des millions de femmes dans le monde ont fait augmenter leur tour de poitrine, il a eu recours à un petit stratagème. Il a recruté une complice peu dotée par la nature (bonnet A de soutien-gorge) et lui a fait lever le pouce sur une route bretonne. En ajoutant des prothèses de latex, elle pouvait à volonté remplir un bonnet B ou un C et avait pour instruction de changer de taille toutes les cent voitures. Sans trop de surprise, le nombre d'arrêts d'automobilistes mâles a augmenté proportionnellement au tour de poitrine... Celui des conductrices n'a pas significativement bougé, comme cela a aussi été le cas dans les tests suivants.

Pour la deuxième expérience, c'est la couleur des cheveux qui variait. Cinq jeunes femmes vêtues de la même manière, ayant le même tour de poitrine et un visage d'une attractivité équivalente (mesurée par un panel d'hommes avant l'expérience), se sont relayées sur le bord de la route, en changeant régulièrement de perruque : brune, blonde ou châtain. Le test a confirmé que, même s'ils ne le reconnaissent pas toujours, les hommes préfèrent décidément les blondes, sans doute parce qu'ils les perçoivent comme plus jeunes, plus fertiles et en meilleure santé que les autres, comme l'ont montré plusieurs études.

Pour la dernière expérience, le même protocole a été suivi à la différence que toutes les complices avaient la même teinte de cheveux et que seule changeait la couleur de leur T-shirt : noir, blanc, jaune, rouge, vert ou bleu. Ces coloris sont arrivés plus ou moins à égalité à l'exception du rouge, qui a fait s'arrêter plus d'un conducteur sur cinq contre un sur sept en moyenne pour les autres. Associé à la femme fatale, le rouge est la couleur qu'exhibent, sur leur périnée, nos cousines les femelles babouins, macaques ou chimpanzés pendant leur phase fertile… Certains chercheurs estiment aussi que si le visage des femmes en période d'ovulation est jugé plus attractif, c'est peut-être aussi parce qu'il est plus vascularisé, donc plus rouge.

Notons que les autostoppeuses de ces tests ne sont montées dans aucune voiture. À chaque fois qu'on s'arrêtait pour les prendre, les jeunes femmes expliquaient qu'il s'agissait d'une expérience. Les études ne précisent pas combien de conducteurs leur ont répondu : *« Dommage… »*.

Ça sent bon le vieux…

« Chez eux ça sent le thym, le propre, la lavande et le verbe d'antan », disait Jacques Brel en chantant *Les Vieux*. Ce pot-pourri poétique met finalement en relief, plus qu'il ne la masque, l'odeur si particulière que l'on trouve chez ces gens-là, l'odeur des vieillards, pour le dire crûment, que certains répertorient sous l'expression encore moins charitable d'« odeur d'hospice ». Il n'est un mystère pour personne que les effluves corporels changent avec l'âge, puisque l'activité de nos glandes sudoripares et sébacées varie au cours de la vie. Souvenez-vous par exemple de la manière dont ce bébé au parfum de tiède et de peau douce s'est transformé en un adolescent puant, même quand il s'est râclé la couenne sous la douche en braillant du Rihanna. On a beau tâcher de la noyer sous le sent-bon, notre odeur ne nous lâche pas, car elle est vecteur d'informations sur nous. On sait ainsi que d'autres mammifères s'en servent pour sélectionner leurs partenaires sexuels, détecter leurs apparentés ou… les individus âgés.

Dans une étude publiée le 30 mai 2012 par *PLoS ONE*, une équipe américano-suédoise a voulu savoir si les humains étaient capables de jouer à « dis-moi ce que tu sens, je te dirai quel âge tu as ». Ces chercheurs ont recruté quelques dizaines de volontaires appartenant à trois catégories d'âge bien distinctes : les jeunes (20-30 ans), les moyens (45-55 ans) et les vieux (75-95 ans). Chaque participant devait porter cinq nuits de suite un T-shirt avec des compresses cousues au niveau des aisselles. Le protocole, strict, prévoyait que les personnes prennent une douche avant de se coucher, s'essuient avec des serviettes lavées avec une lessive sans odeur qui avait aussi servi pour les draps, ne boivent pas d'alcool, ne fument pas, ne mangent ni plat épicé ni aliment connu pour altérer l'odeur corporelle.

« Chaque participant devait porter cinq nuits de suite un T-shirt avec des compresses cousues au niveau des aisselles. »

Au terme des cinq nuits, les compresses étaient stockées à – 80 °C avant d'être découpées en carrés de taille identique placés dans des pots en verre. La dégustation pouvait commencer. Les cobayes renifleurs plongeaient leur nez dans les bocaux puis notaient l'intensité des odeurs et leur caractère agréable... ou pas. À la surprise des chercheurs, les effluves des plus âgés ont été perçus comme les moins intenses et les plus sympathiques. Probablement parce que les cobayes, ignorant de qui ils provenaient, les notaient sans a priori négatif. Les mêmes « nez » ont, dans un autre test, été capables de différencier les échantillons « vieux » des autres alors qu'il leur était bien plus difficile de reconnaître un « jeune » ou un « moyen ». L'expérience suggère donc qu'*Homo sapiens* est sensible aux variations odorantes de ses congénères. Pour quoi faire ? Si l'on voit le monde à travers un prisme évolutif, il n'est pas idiot de penser que, jadis, les individus âgés pouvaient être considérés comme porteurs d'un système immunitaire performant et donc recherchés pour leurs « bons » gènes. Chez les insectes, ce sont les vieux mâles qui ont le plus de succès au niveau de la reproduction.

Cependant, notent les auteurs de l'étude, l'impact potentiel des signaux odorants « *dans la société humaine moderne risque d'être très limité étant donné l'importance que l'on donne aux attributs visuels liés à l'âge* »… Manière de dire que les personnes âgées auront beau sentir meilleur que les autres, rien ne vaudra, pour séduire, un lifting, un coup de Botox et une bonne teinture.

Les mariés sont des semeurs d'or

Georg Steinhauser est un homme consciencieux. Et même davantage. En 2006, ce jeune chimiste autrichien a un problème. Les analyses extrêmement sensibles que ses confrères et lui pratiquent sont souvent polluées par… de l'or. Notre chercheur a une idée d'où ces particules de métal précieux proviennent – des mains des chimistes eux-mêmes. Les alliances qu'ils portent, tout comme les mariages qu'elles symbolisent, subissent en effet les outrages du temps, sont malmenées par la vie et partent irrémédiablement en – infimes – lambeaux…

Comme la science est un sacrifice, Georg Steinhauser va se marier afin de vérifier cette hypothèse. Disons plutôt – c'est sans doute plus politiquement correct – qu'il va profiter de son union avec une certaine Veronika pour réaliser une expérience au long cours sur sa propre alliance. Dans l'étude qu'il a publiée en 2008 dans le *Gold Bulletin*, le chercheur autrichien décrit son protocole. Au début de l'expérience, c'est-à-dire au moment où la bague lui est passée au doigt, celle-ci pèse exactement 5,58387 grammes. Elle est faite d'or 18 carats, ce qu'il vérifie sur un minuscule échantillon (un conseil aux bijoutiers : n'essayez jamais d'arnaquer un chimiste). Suivant en cela la tradition autrichienne, Georg Steinhauser, qui est droitier, porte son alliance à la main droite. Pour éviter qu'elle ne s'use pendant son sommeil en frottant sur les draps, il la retire la nuit.

« Une fois par semaine pendant un an, il pèse son anneau afin de calculer combien d'or il a perdu en sept jours. »

Une fois par semaine pendant un an, il pèse son anneau afin de calculer combien d'or il a perdu en sept jours. Pour éviter tout dépôt de graisse ou de savon, qui risquerait de fausser la mesure, l'alliance est d'abord lavée à l'eau distillée puis séchée sous un flux d'air. Au bout de cinquante-deux semaines vient l'heure du bilan. Le bijou a perdu 6,15 milligrammes, soit un volume total de 0,39 millimètre cube. Son épaisseur a, par la même occasion, diminué d'un centième de millimètre.

Au cours de cette première année de mariage, Georg Steinhauser a tenu le journal de ses activités pour savoir ce qui avait pu produire des écarts par rapport à l'abrasion hebdomadaire moyenne, qui était de 0,12 milligramme. Et il s'est aperçu que c'est au cours de son voyage de noces que la perte de matière a été la plus élevée. Non pas que l'anneau ait servi a quelque jeu érotique mais, plus prosaïquement, parce que les jeunes époux Steinhauser sont partis à Malte,

« D'autres avaient pour mission de klaxonner rageusement afin de créer un plus haut niveau d'intrusion. »

La recherche la plus célèbre sur le sujet de la défense d'un territoire public a été publiée en 1997 par le *Journal of Applied Social Psychology*. Ses deux auteurs, Barry Ruback et Daniel Juieng, se sont intéressés à l'un des endroits les plus symboliques de l'American Way of Life, devenu improbable lieu de science pour l'occasion : le parking d'un centre commercial. Ils ont voulu savoir si le comportement de l'usager de cabine téléphonique se retrouvait chez le client ayant rangé ses courses dans le coffre de sa voiture et se préparant à quitter sa place de stationnement. Si un autre conducteur manifestait à ce moment précis son envie d'occuper sa place de parking, s'empresserait-il de la lui céder ou bien retarderait-il son départ ? Dans une première étude, les chercheurs se sont contentés de se poster dans le parking d'un centre commercial d'Atlanta. Lorsque la situation recherchée se présentait, ils déclenchaient leur chronomètre au moment où l'automobiliste ouvrait sa portière pour s'installer dans sa voiture et le stoppaient quand celle-ci avait fini de sortir du rectangle matérialisant la place de stationnement. Résultat : trente-deux secondes en moyenne quand il n'y avait personne, quarante lorsqu'un autre attendait…

Pour aller plus loin, Barry Ruback et Daniel Juieng ont mené une seconde étude avec des complices jouant le rôle des conducteurs convoitant les places. Certains se contentaient de patienter, d'autres avaient pour mission de klaxonner rageusement afin de créer un plus haut niveau d'intrusion et voir si cela engendrait une plus grande résistance à quitter le dont le sable des plages n'a pas été tendre avec un élément, l'or, qui l'est plutôt. L'alliance a aussi souffert de la pratique du ski (frottements avec gant et bâton), du jardinage et… d'un concert de rock (les chimistes ont de drôles de passions), sans doute en raison d'applaudissements frénétiques. Au final, notre chercheur a calculé qu'il avait perdu 1 milligramme d'or dans son laboratoire. Il a donc décidé de ne plus porter son alliance au travail et incité ses collègues à en faire autant.

Pour conclure, Georg Steinhauser a cédé à la curiosité en faisant un autre calcul. Étant donné, explique-t-il, qu'une grande ville comme Vienne compte plus de 300 000 couples mariés et qu'environ 60 % des époux portent une alliance en or 18 carats, ce sont plus de 2,2 kilogrammes de métal précieux qui, chaque année, se promènent sur le sol, dans la poussière et dans les peluches des sèche-linge de la capitale autrichienne. Soit, au cours actuel de l'or, l'équivalent de près de 100 000 euros. Harpagons, à vos balais !

L'étrange cas du canard homosexuel nécrophile

La littérature scientifique n'est pas avare en études de cas incroyables, de l'ouvrier qui, sans s'en apercevoir, s'est planté un clou de plusieurs centimètres dans le palais avec une cloueuse à ce voleur qui, sur le point d'être arrêté, avale un diamant en espérant le récupérer plus tard et se voit contraint par la justice de subir une opération chirurgicale en présence des forces de l'ordre. La plupart du temps, on s'étonne du comportement des personnes décrites mais il arrive aussi que l'on s'interroge sur les motivations de ceux qui les dépeignent.

C'est le cas du Néerlandais Kees Moeliker, conservateur au Muséum d'histoire naturelle de Rotterdam et spécialisé dans les oiseaux. L'homme est entré au panthéon de la science improbable grâce à une étude de cas pour le moins étrange. Tout cela par la faute des architectes qui ont conçu la nouvelle aile de ce Natuurmuseum : ils n'ont pas imaginé que, couverte de verre, la façade se transformerait en un piège mortel pour les volatiles qui viennent régulièrement s'y fracasser les os.

Le 5 juin 1995, à 17 h 55, Kees Moeliker entend un « bang » synonyme de nouveau venu pour la collection ornithologique du muséum. Il descend au pied de l'immeuble et aperçoit un canard colvert gisant sur le sol, apparemment un mâle. À côté de lui, un autre mâle se met à lui pincer l'arrière de la tête, puis lui grimpe dessus pour une séance de copulation qui va durer soixante-quinze minutes. Kees Moeliker prend des clichés de la scène et finit par l'interrompre, violant au passage

« il n'est pas rare chez les colverts de voir des comportements homosexuels (entre 2 % et 19 % des couples suivant les populations) même s'il ne s'agit en général que d'approches. »

le principe scientifique de neutralité et de non-intervention… Il emporte le cadavre et le met à l'abri.

En quittant le Muséum peu après, il constate que le canard nécrophile est toujours là, qui se languit de son si complaisant compagnon en lançant des cris que ce dernier ne peut entendre, d'une part parce qu'il est mort et d'autre part parce qu'il se trouve dans un congélateur. L'autopsie montre qu'il s'agit bien d'un mâle, décédé après un choc violent : plusieurs hémorragies dans le cerveau, des lésions du poumon droit, de la trachée et du foie, ses deux omoplates et presque toutes ses côtes sont brisées, sans qu'il soit possible de déterminer si ces fractures sont dues à la collision ou au traitement *post-mortem* que son fringant congénère lui a fait subir.

À la fin du printemps, les poursuites entre canards sont fréquentes, les males pourchassant les rares femelles non fécondées pour tenter véritablement de les violer. Par ailleurs, il n'est pas rare chez les colverts de voir des comportements homosexuels (entre 2 % et 19 % des couples suivant les populations) même s'il ne s'agit en général que d'approches. Kees Moeliker a relié les deux phénomènes et supposé que, cette fois-ci, le canard est allé jusqu'au bout parce que son partenaire n'en pouvait mais.

Il a fallu six ans au Néerlandais pour se laisser convaincre de publier ce premier cas de nécrophilie homosexuelle chez

L'étrange cas du canard homosexuel nécrophile

le colvert. La science prend parfois du temps mais son avancée est inexorable. L'article est paru en 2001 et a valu à son auteur un IgNobel, qui récompense un haut fait de la science improbable. Kees Moeliker l'a bien pris, lui qui, en plus des oiseaux, collectionne les chauves-souris, les jumelles (les instruments d'optique, pas les petites filles) ainsi que ses propres organes. Cette collection-là n'est pas encore très riche puisqu'elle ne compte qu'un spécimen, la vésicule biliaire.

Les policiers sont-ils de bons éthylotests ?

Depuis le 1er juillet 2012, tout conducteur de véhicule terrestre à moteur – à l'exception des mobylettes – se doit de voyager avec un éthylotest. Après l'entrée en vigueur de cette mesure, les supermarchés ont été pris d'assaut et nombre d'entre eux ont longtemps été en rupture de stock. Restait une autre possibilité : prendre la route avec un policier. En effet, ceux-ci, du moins aux États-Unis, ont pour habitude de renifler l'haleine des automobilistes, chauffeurs routiers et motards qu'ils soupçonnent de conduire avec un peu trop d'alcool dans le sang. À lire leurs rapports, les agents des forces de l'ordre sont mêmes capables d'évaluer à vue de nez le niveau d'imprégnation de leurs « clients », le parfum de biture variant sur une échelle allant de *« léger »* à *« fort »*.

Mais peut-on vraiment se fier à cette estimation, sachant, par exemple, que la limite autorisée en France (0,5 gramme d'alcool par litre de sang) correspond à un minuscule

0,25 milligramme par litre d'air expiré ? Quelle est la marge d'erreur d'un Bérurier ? C'est pour répondre à ces questions fondamentales qu'une équipe de chercheurs américains a mis sur pied une expérience fort arrosée et publiée en 1999 dans la revue *Accident Analysis & Prevention*. Le protocole, très strict, vaut le détour. D'un côté, vingt policiers ayant reçu un certificat d'experts ès reconnaissance de substances illicites. De l'autre, quatorze volontaires, recrutés par petites annonces et payés pour l'expérience, histoire d'avoir le beurré et l'argent du beurré.

« Les sujets soufflaient dans un long tube en plastique à l'autre extrémité duquel se trouvait le nez des agents renifleurs. »

Le jour J, ceux-ci arrivèrent à jeun (d'alcool et de nourriture) et en taxi car les chercheurs ne voulaient pas les voir repartir au volant après avoir été saoûlés dans un bâtiment du Los Angeles Police Department. Les sujets, qui avaient été soigneusement triés, ne devaient pas prendre de médicaments ni attendre de bébé. Par souci d'éthique, on leur avait aussi expliqué quelles quantités d'alcool et quelles mixtures (vodka-orange, bourbon-Coca, vin rouge, bière… ou de l'eau pour les sujets-témoins) on leur ferait ingurgiter pendant les quatre sessions d'une heure. Leur alcoolémie varierait de 0 à 1,2 gramme par litre de sang.

Les cobayes étaient placés derrière des écrans opaques et avaient pour consigne de se taire. Le but étant que les policiers ne disposent d'aucun signe extérieur de griserie – comme la couleur du visage, la perte d'équilibre, la maladresse, les cheveux et les habits en bataille ou bien une élocution approximative – et ne fondent leur jugement que sur les seuls indices olfactifs. Les sujets soufflaient dans un long tube en plastique à l'autre extrémité duquel se trouvait le nez des agents renifleurs. À chaque session, chacun des vingt policiers (dont l'étude ne précise pas ce qu'ils avaient bu, eux) huma l'haleine de six sujets, avec pour mission d'y détecter la présence ou non d'alcool, de la caractériser et, si possible, de déterminer la boisson prise.

Au total, le pourcentage de réussite flirta avec les 80 % tant que les sujets n'eurent pas le droit de manger. Les erreurs concernèrent davantage les alcoolisés non détectés que les sobres détectés à tort. Après le déjeuner, les performances des policiers chutèrent, car les relents de nourriture interférèrent avec les odeurs de boisson… En conclusion de leur étude, les chercheurs suggèrent donc prudemment aux forces de l'ordre de ne pas trop se fier à leur flair, du moins pour ce genre d'enquêtes.

Qui prête ses testicules à la science ?

Dans *Casino Royale*, l'affreux Le Chiffre torture James Bond afin de récupérer l'argent que 007 a gagné aux cartes. La torture en question consiste à frapper les testicules de l'agent secret, lequel parvient néanmoins à garder le silence (que ne ferait-on pas au service de Sa Majesté ?). Tous ceux qui ont un jour pris un mauvais coup, un ballon de football ou un sabot de cheval dans cette partie de leur anatomie, sans oublier ceux qui ont raté leur enchaînement aux barres parallèles, savent à quel point l'endroit est sensible. C'est une douleur insoutenable, presque indescriptible, tellement forte qu'elle remonte dans le ventre et si un scientifique – dénué de déontologie – avait assisté à l'interrogatoire de James Bond, nul doute qu'il aurait profité de l'occasion pour lui demander de dépeindre ses sensations.

Il se trouve en effet assez peu de volontaires pour se soumettre à ce genre de test. Heureusement, deux chercheurs londoniens ont, en 1933, poussé leur amour de la science jusque là. On notera que, tout comme James Bond, il s'agit de sujets britanniques et, si la place ne nous manquait pas, l'on s'interrogerait sur la propension des enfants du Royaume-Uni à maltraiter leurs bibelots. En 1933, donc, paraît dans la revue *Brain*, un article écrit par les sieurs Woollard et Carmichael, consacré à la question de la douleur dite référée. Il s'agit de ces cas de douleur que l'on ressent ailleurs qu'à l'endroit où la stimulation nociceptive se produit. Les deux chercheurs se

Qui prête ses testicules à la science ?

« Une fois le testicule « endormi », celui-ci est placé sous un petit plateau que l'on remplit progressivement de poids. »

demandant comment se propagent les douleurs ressenties dans les viscères, ils ont l'idée de soumettre à rude épreuve le viscère le plus accessible, le seul, pourrait-on dire, qui soit à portée de main.

Dans le duo Woollard-Carmichael, le partage des tâches est bien établi : *« Il fut décidé*, dit l'article, *que l'un de nous serait le sujet et l'autre l'observateur. »* À l'heure où cette chronique est écrite, on ignore toujours lequel des deux mit en jeu ses bijoux de famille, lequel les écrasa (sous anesthésie locale, tout de même) et si tirage au sort il y eut pour en décider. Le mode opératoire, valable pour les cinq expériences (oui, cinq), est le suivant : l'étude ayant pour but de comprendre par quelles voies la douleur chemine du testicule aux régions voisines, à chacun des tests, des nerfs différents de la zone génitale du sujet sont désactivés par des injections de Novocaïne. Une fois le testicule « endormi », celui-ci est placé sous un petit plateau que l'on remplit progressivement de poids.

A chaque poids ajouté, le sujet décrit ce qu'il ressent. Cela commence en général à partir de 300 grammes, par une vague gêne inguinale du côté du testicule comprimé (dont la masse ne dépasse pas la vingtaine de grammes…). Puis, au fur et à mesure que les poids s'accumulent, jusqu'à un kilogramme, la douleur devient de plus en plus intense. Suivant les nerfs anesthésiés ou pas, celle-ci peut gagner le testicule épargné ou remonter jusqu'au milieu du dos. Mais jamais le sujet ne se départit de son flegme britannique.

L'anesthésie locale y est sans doute pour beaucoup. En avril 2012, dans la ville chinoise de Haikou, le propriétaire d'une boutique reprocha à une femme d'avoir garé son scooter devant son échoppe. La dispute dégénéra en bagarre et la dame se saisit prestement des testicules de son adversaire avant de les écraser. L'homme est mort. Nous sommes des petites choses bien fragiles.

Les dangers de la craie et du tableau noir

La rentrée des classes… Élèves, instituteurs, professeurs vont retrouver craie et tableau noir. Mais, mais, mais… pas si vite ! Ne s'agirait-il pas là de dangereux instruments de travail ? Que font les chercheurs de la science improbable ? On pourrait étudier l'impact à long terme sur le système nerveux des crissements stridents que lance parfois la craie, ces grincements sadiques qui hérissent le système pileux… Mais ce n'est pas à ce sujet suraigu qu'a été consacré l'article d'une équipe indienne publié dans le numéro d'août 2012 de la revue *Indoor and Built Environment.* Ses auteurs, quatre spécialistes de la pollution de l'air, se sont attaqués à un problème plus insidieux, silencieux et presque invisible : la poussière de craie.

> « Même si l'utilisation de craies en calcaire donne des particules très fines (certaines inférieures au micromètre), notamment quand le tableau est effacé, la quantité produite s'avère faible. »

Le principe du bâton de craie est d'être friable, de s'écraser sur le tableau sous la pression docte de la main enseignante. Non seulement une partie du matériau n'adhère pas au support et tombe sur les doigts du professeur, ses vêtements, ses chaussures ou sur le sol, mais la craie finit toujours par être effacée, par un chiffon, un tampon ou une éponge plus ou moins humectée. Que deviennent toutes ces particules ? La question doit être posée car il s'agit d'une poussière irritante, susceptible, à haute dose, de provoquer des crises d'asthme ou d'autres problèmes pulmonaires, des hospitalisations, des arrêts-maladie, la mobilisation des syndicats d'enseignants, des grèves étudiantes, un nouveau Mai-68, que sais-je ?

Pour savoir quelle est la part des poussières de craie dans les particules en suspension dans l'air scolaire, ces chercheurs ont élaboré une expérience sur le terrain, c'est-à-dire dans une salle de classe. Afin d'éviter toute contamination, toute remise en suspension de poussières tombées au sol, la pièce avait été nettoyée plusieurs fois. Portes et fenêtres fermés, ventilateurs éteints, trois types différents de craies (deux à base de calcaire, une de gypse) ont été testés. Un expérimentateur, toujours le même pour éviter le moindre biais, a écrit au tableau le même paragraphe (et pas un mot de plus), ce qui lui prenait un quart d'heure. Puis le texte était effacé, toujours par la même personne. Des appareils mesuraient la quantité et le diamètre des particules présentes dans l'air ambiant avant, pendant et après le test. Chaque bâton de craie était pesé avant et après utilisation. La poussière tombée du tableau durant l'écriture était récupérée dans le repose-craies et sur de grandes feuilles de papier recouvrant le sol.

Les conclusions de l'étude sont plutôt rassurantes. Même si l'utilisation de craies en calcaire donne des particules très fines (certaines inférieures au micromètre), notamment quand le tableau est effacé, la quantité produite s'avère faible. Cela dit, les auteurs soulignent qu'il est difficile d'évaluer le risque à long terme, tant pour les professeurs qui sont aux premières loges et parlent beaucoup en classe, que pour les enfants, aux poumons plus fragiles. Pour minimiser ce risque, les chercheurs préconisent d'élaborer des craies générant peu de poussières ou, mieux, de les troquer contre des marqueurs effaçables (à condition que l'encre ne soit pas toxique…).

Certains ont depuis longtemps trouvé une autre solution. Ils s'installent délibérément au fond de la classe et n'ouvrent jamais la bouche quand on les interroge. Ils ont tout compris au principe de précaution, les cancres.

Dans quel sens valsent les Patagons...

La droite ou la gauche ? Ce n'est pas une question de politique mais de latéralisation. Dans la vie, il y a les droitiers et les gauchers. Les Mohamed Ali et les Rocky Balboa. Les Michel Platini qui tirait ses coups francs du dextre et les Diego Maradona qui les frappait du senestre. Dans le même registre sportif, le premier test que passent les apprentis archers consiste à déterminer leur œil directeur, grâce auquel ils vont viser. D'autres latéralisations sont plus subtiles comme le côté sur lequel vous inclinez votre tête pour embrasser quelqu'un sur la bouche (ou pour boire au robinet pour les célibataires endurcis qui n'ont ni partenaire ni le courage de faire la vaisselle). Ou comme le sens que vous adoptez pour tourner sur vous-même.

C'est à cette préférence méconnue que vient de s'intéresser une étude publiée en juin dans la revue *Laterality*. Ses auteurs, Jan Stochl et Tim Croudace, tous deux chercheurs à l'université de Cambridge, n'ayant trouvé aucune explication à cette latéralisation-là, se sont demandé à quoi on pouvait bien la rattacher. Ils ont formulé des hypothèses évidentes – une corrélation avec la main et le pied de prédilection – et d'autres qui l'étaient moins. Ils ont ainsi voulu explorer la voie du sexe, une étude ayant montré que les hommes droitiers du pied, de la main et de l'œil avaient tendance à virer à droite tandis que les femmes dotées du même schéma de latéralisation tournaient plutôt à gauche, ce qui pourrait enfin expliquer certaines disputes conjugales épiques autour de la lecture des cartes routières...

« Les internautes effectuaient un test simple pour déterminer leur sens préféré de rotation sur eux-mêmes. »

La dernière hypothèse qu'a voulu tester le duo Stochl-Croudace est encore plus improbable : la possibilité que, suivant sa localisation sur la Terre, l'être humain soit influencé par la force de Coriolis, qui fait tourner les cyclones de l'hémisphère nord dans le sens anti-horaire et ceux de l'hémisphère sud comme les aiguilles d'une montre. Dans le reste du règne animal, la force de Coriolis a ainsi été reliée à la navigation d'oiseaux ou au vol de chauves-souris sortant de leurs grottes et on l'a même évoquée afin d'expliquer pourquoi les dauphins du nord semblaient faire des ronds dans l'eau dans le sens opposé à celui de leurs cousins australs.

Pour en avoir le cœur net et savoir si les Viennois valsent ou non dans le même sens que les Patagons, nos chercheurs ont déposé sur Internet un questionnaire auquel ont répondu 1 526 volontaires de 97 pays et des deux hémisphères. En plus de répondre à des questions classiques – avec quelle main lancez-vous une balle, dans quel sens touillez-vous votre café, quel pied mettez-vous en premier dans votre pantalon, etc. –, les internautes effectuaient un test simple pour déterminer leur sens préféré de rotation sur eux-mêmes et, surtout, devaient dire où ils avaient grandi et où ils vivaient depuis cinq ans.

Au final, la meilleure manière de prédire dans quel sens untel aime faire la toupie (ou en faire tourner une), c'est de savoir s'il est droitier ou gaucher. Les corrélations les plus nettes que l'étude a mises en évidence concernent en effet la main et le pied. Quant à la force de Coriolis, rien ne semble la relier au sens de rotation préféré. Les auteurs proposent comme explication possible à ce résultat négatif le fait que ladite force est *« trop petite pour avoir une quelconque influence sur les animaux »*. Un bon chercheur finit toujours par être lucide.

Les sportifs vont-ils se doper au porno ?

Chers émules de Ben Johnson, vous qui visez le Graal sportif par le biais des hormones stéroïdiennes, apprenez qu'il y a peut-être moyen d'abandonner la seringue au profit… de la vidéo. On sait en effet que certaines images ont le pouvoir de faire sécréter de la testostérone, substance qui améliore tant la prise musculaire que la résistance à l'effort et le désir de se surpasser. Ainsi, dès 1974, une étude allemande a-t-elle montré que le visionnage d'un film pornographique accroissait chez des spectateurs masculins la production de cette hormone essentiellement fabriquée par les testicules, et ce en l'espace de quelques minutes. En 2010, une autre étude est parvenue au même résultat en passant à une équipe de hockeyeurs professionnels la vidéo d'un de ses précédents succès. Il est bien connu que vaincre est jouissif.

Encore restait-il à prouver que l'augmentation de testostérone, relativement modérée, provoquée par les images excitantes se traduisait par une amélioration notable de la performance sportive. C'est l'hypothèse qu'ont testée deux

> « Ils soulevaient bien plus de fonte après les vidéos érotique, sportive et agressive. »

chercheurs britanniques dans un article publié par la revue *Hormones and Behaviour.* Pour mener leur expérience, Christian Cook et Blair Crewther ont recruté douze rugbymen professionnels. 1,90 mètre et 99 kilos en moyenne. Par leur métier, ces beaux bébés étaient tous des habitués de la salle de musculation et connaissaient le « squat », cet exercice qui consiste à fléchir les jambes en portant sur les épaules un haltère bien garni, ce afin de renforcer cuisses et fesses.

L'expérience a consisté à organiser, sur plusieurs jours, six sessions au cours desquelles les sportifs commençaient par donner un peu de leur salive (afin de connaître leur taux de testostérone), regardaient une courte vidéo, patientaient une dizaine de minutes avant de se faire prélever un second échantillon de salive puis partaient pour une séance de squats où un entraîneur les poussait à leur maximum. Voici ce qu'ont regardé les rugbymen durant ces six sessions, dans un ordre aléatoire : un gag extrait d'une comédie, un reportage triste à pleurer sur des enfants africains mourant de faim, une vidéo coquine avec des danseuses plus ou moins dénudées, l'entraînement d'un champion de combat libre, un clip « agressif » montrant des plaquages brutaux au rugby ou… un écran vide (pour étalonner le tout).

Les chercheurs ont confirmé ce que leurs prédécesseurs avaient déjà trouvé, à savoir que la testostérone montait sensiblement (jusqu'à 10 % en plus) après le visionnage d'un film émoustillant, sportif ou violent (l'humour fait aussi un peu monter le taux), tandis que devant les enfants amaigris d'Afrique, l'hormone était en berne. Cela s'est logiquement traduit dans la salle de musculation. En moyenne, les « cobayes » étaient moins performants que la normale après avoir regardé le film triste. À l'inverse, ils soulevaient bien plus de fonte après les vidéos érotique, sportive et agressive. CQFD. Les entraîneurs dont les protégés sont en mal de performance savent désormais ce qui leur reste à faire : organiser des combats de femmes nues dans les vestiaires avant toute compétition…

Notons pour finir que ces travaux britanniques et leur publication ont eu lieu en 2010 et 2011, soit *avant* les Jeux olympiques de Londres. Serait-ce là le secret de l'incroyable performance des sportifs concourant pour le compte du Royaume-Uni lors de ces JO ?

La médecine et ses buveurs de vomi noir

S'il est un domaine où le nom de Jean Louis Geneviève Guyon doit passer à la postérité, c'est bien celui de l'« improbablologie », dans la section de ces aventuriers de la science qui pratiquent des expériences affreuses sur leur propre corps. Né en 1794, ce Français occupe en 1822 le poste de chirurgien-major au bataillon d'infanterie de ligne de la Martinique. En ce début de XIXe siècle, les Antilles connaissent de fréquents épisodes de fièvre jaune, dont un des symptômes est la matière noire que les patients vomissent, du sang coagulé provenant d'hémorragies digestives. Les médecins se demandent comment cette maladie souvent mortelle s'attrape et si elle est transmissible entre humains, les « anticontagionnistes » n'hésitant pas à payer de leur personne pour étayer leurs thèses.

Guyon est de ceux-là. D'autres avant lui ont pris quelques risques, notamment en goûtant à cet étrange vomi noir, mais, en cet été 1822, le Français va les écraser tous. Comme le résume l'année suivante son confrère Pierre Lefort – premier médecin en chef de la marine à la Martinique – dans son *Mémoire sur la non-contagion de la fièvre jaune,* Guyon atteint *« la dernière borne de l'audace et du dévouement »* en testant sur lui-même et devant témoins tous les modes imaginables d'inoculation. Accrochez vos cœurs !

Tout commence le 28 juin. Le chirurgien-major revêt la chemise d'Yvon – un soldat malade de la fièvre jaune – encore imbibée de sa sueur et la garde sur lui pendant vingt-quatre heures. Dans le même temps, on lui injecte dans les bras *« la matière jaunâtre des vésicatoires en suppuration »*, décrit Lefort. Rien ne se passe. Ce ne sont que les hors-d'œuvre. Le 30 juin, *« M. Guyon boit un petit verre d'environ deux onces de la matière noire vomie par le sieur Framery d'Ambrucq, commis de marine ; et après s'être frictionné les deux bras avec cette même matière, il en est inoculé »*. Une demi-heure après avoir absorbé le breuvage qu'il trouve *« d'une excessive amertume »*, le téméraire chirurgien ressent *« quelques coliques qui ne l'empêchent pas de déjeûner après »*.

« M. Guyon boit un petit verre d'environ deux onces de la matière noire vomie par le sieur Framery d'Ambrucq, commis de marine. »

Le 1er juillet, le sieur Framery étant parti pour l'autre monde, Guyon en profite pour enfiler sa chemise encore chaude et couverte de vomi noir puis se couche dans son lit, lui aussi plein de cette matière immonde et d'excréments. *« Il est resté dans le lit six heures et demie, y a sué et dormi en présence de la plupart des témoins »*, note Lefort. Enfin, cerise sur l'appétissant gâteau, le soldat Yvon ayant lui aussi passé l'arme à gauche, on lui ouvre le ventre pour découvrir que les parois de son estomac, rempli du fameux liquide noir sanguinolent, sont rouges et enflammées. De nouveau, on injecte à Guyon un peu de ce liquide et l'on recouvre l'emplacement des piqûres de morceaux d'estomac. Et il ne souffre de rien d'autre qu'une légère infection.

« Pour se soumettre à de telles épreuves, il faut, si convaincu que l'on soit de son opinion, une force de caractère et de résolution qui, certes, n'est donnée qu'à un bien petit nombre d'hommes ; (...) une abnégation

complète de soi-même peut seule, en pareille matière, rendre l'homme supérieur à toutes les répugnances et aux dégoûts les plus naturels », écrit Pierre Lefort, qui voit dans ces expériences le triomphe de la thèse anticontagionniste. Il faudra attendre plusieurs décennies avant de découvrir que le vecteur de la fièvre jaune est un moustique.

Lequel est le plus chaud, le paradis ou l'enfer ?

On a beau être physicien, on n'en a pas moins une âme. Et donc l'envie de savoir ce qui l'attendra dans l'au-delà. La douceur du paradis est-elle vraiment au rendez-vous ? Et les damnés rôtissent-ils réellement en enfer ? Les témoignages des revenants de l'autre monde n'étant guère concluants, mieux vaut tenter d'utiliser les lois de la physique pour calculer les températures qui règnent dans les deux lotissements post-mortem. C'est ce qu'a fait un chercheur anonyme dans une célèbre correspondance publiée par la revue *Applied Optics* en 1972.

Pour récolter des indices objectifs, cet auteur s'est appuyé sur les meilleures sources en la matière, à savoir la Bible. Il a ainsi découvert dans le livre d'Isaïe un passage décrivant l'atmosphère du paradis. Selon son interprétation, la Lune y

Lequel est le plus chaud, le paradis ou l'enfer ?

« Il en découle que la température du paradis est de... 525 °C ! Les ailes des anges sont sûrement ignifugées. »

brille comme le Soleil sur Terre et la lumière reçue de notre étoile est quarante-neuf fois plus brillante que celle tombant sur le sol de notre planète. Par conséquent, le rayonnement, aux cieux, est cinquante fois plus important que celui au sol. Après application de la loi de Stefan-Boltzmann, il en découle que la température du paradis est de… 525 °C ! Les ailes des anges sont sûrement ignifugées.

Mais qu'en est-il de l'enfer ? L'Apocalypse nous donne un indice en disant que la place des lâches, des infidèles, des menteurs, des êtres abominables, des meurtriers, des personnes immorales, de celles qui pratiquent la magie ou adorent les idoles est *« dans le lac de soufre enflammé, qui est la seconde mort »*. Or, la science nous dit que le point d'ébullition du soufre se situe à 444,61 °C. Au-delà, cet élément devient gazeux. On en conclut donc qu'il fait moins chaud en enfer qu'au paradis !

Cette découverte a fait grand bruit en 1972 mais les années qui ont suivi ont montré que l'anonyme physicien s'était trompé sur ses deux estimations. La première correction est venue en 1979, *via* le *Journal of Irreproducible Results,* magazine consacré à la science humoristique. Celui-ci a rappelé que le point d'ébullition d'un élément dépend de la pression environnante. Or, la Géhenne où est bibliquement situé l'enfer est un endroit au volume restreint. Les milliards et les milliards de pécheurs qui s'y sont retrouvés depuis la création du monde y entretiennent une pression monstrueuse évaluée, grâce à des calculs qu'il serait trop long d'exposer ici, à

14,5 milliards de fois la pression atmosphérique terrestre. Dans ces conditions dantesques, le soufre est liquide à des températures bien plus élevées que 525 °C. Le bon sens reprenait ses droits : l'enfer était bien le pire des endroits à visiter après la mort.

La seconde correction a concerné la température du paradis. En 1998, dans une lettre adressée à *Physics Today*, deux chercheurs espagnols ont expliqué que l'interprétation du livre d'Isaïe retenue dans *Applied Optics* était fausse et que le rayonnement lumineux reçu chez saint Pierre n'était que huit fois – et non pas cinquante – plus important que celui reçu sur Terre. Grâce à cette correction, on peut désormais affirmer que la température de la Jérusalem céleste est de 231 °C. Soit une chaleur largement suffisante pour prendre un bain de soufre liquide (à condition que la pression soit normale...).

Au terme de cette enquête scientifique, on s'aperçoit que le paradis est loin d'être aussi hospitalier que promis. Chers physiciens, l'un d'entre vous pourrait-il nous indiquer la température du purgatoire ?

Quand la vie ne tient qu'à un stylo-bille

Vous fêtez l'obtention de votre diplôme de médecin dans un restaurant quand soudain, à la table voisine, un des convives s'étouffe avec un morceau de nourriture. L'homme ne parvient plus à respirer. Et avant même que quelqu'un ne lance la question rituelle – y a-t-il un médecin dans la salle ? –, tous vos amis vous regardent. Bon, quand faut y aller… Impossible d'extraire le corps étranger. L'homme s'évanouit et devient bleu. L'unique solution s'appelle la cricothyroïdotomie. Un acte d'urgence qui consiste à inciser la peau sous la pomme d'Adam, à perforer la membrane crico-thyroïdienne et à glisser un tube dans la trachée pour la ventilation. Dans un restaurant, vous ne manquerez pas de couteaux bien aiguisés qui feront office de scalpel. Mais qu'est-ce qui va tenir le rôle du tube ? McGyver et Bob le Bricoleur, à l'aide !

Heureusement pour vous – et surtout pour l'inanimé qui gît à vos pieds –, vous avez lu une étude publiée en 2010 par l'*Emergency Medicine Journal.* Pour ses auteurs britanniques, l'objet le plus courant de la vie quotidienne qui s'approche le plus du fameux tube sauveur de vies, c'est un simple stylo-bille. Mais pas n'importe lequel. Il ne doit pas être trop large – pour entrer par la petite incision –, pas trop fin non plus – sinon les échanges gazeux seraient insuffisants –, assez long – afin qu'une extrémité soit bien insérée dans le patient tandis que l'autre en ressorte assez pour vous permettre de pratiquer du bouche à tube – et suffisamment rigide pour ne pas que ses parois se collent. C'est notamment pour cette raison que, dans votre restaurant, vous ne devez pas essayer de ranimer le mourant avec une paille à cocktail.

« C'est notamment pour cette raison que, dans votre restaurant, vous ne devez pas essayer de ranimer le mourant avec une paille à cocktail. »

Autre point important mis en lumière par cette étude : il faut que la *« construction »* du tube, c'est-à-dire le démontage du stylo pour en récupérer le fût, soit rapide. Ceux qui ont, dans leurs tendres années scolaires, transformé leur Bic en sarbacane de poche remplie de boulettes de papier mâché, auront un avantage décisif sur les autres. Certains modèles de stylo sont nettement plus compliqués à désassembler : en plus du bouchon et de la réserve d'encre, il faut aussi retirer le système à ressort qui permet de rétracter la pointe. Vingt personnes ont donc testé huit sortes de stylos différentes. Le record pour le plus simple a été de 3 secondes. Pour le plus compliqué, il a fallu jusqu'à 170 secondes. Les chercheurs ont également évalué la résistance au flux d'air de chaque modèle. Pour conclure que deux des huit stylos analysés, un Bic et un de la marque Baron, soutenaient la comparaison avec le matériel des kits d'urgence.

Le seul problème de cette étude, c'est qu'il n'a pas été possible aux chercheurs de tester leurs stylos *in vivo* pour des raisons éthiques qui vous semblent subitement incompréhensibles… Un autre article, publié en mai dans la même revue, a tenté d'aller plus loin en plaçant de tout jeunes médecins et des étudiants dans le scénario de l'étouffement au restaurant et en leur proposant de tester la cricothyroïdotomie au stylo-bille sur des morts. Quatorze cadavres ont prêté leur concours mais l'opération n'a réussi que sur huit d'entre eux. Avec quelques désagréments comme des cartilages brisés, des muscles entamés ou des vaisseaux sanguins touchés. Les auteurs ont conclu que l'option était certes possible, mais à envisager seulement « in extremis »… Et vous, que décidez-vous ?

Thérèse, la mouche qui meurt quand on la « bzz »

Voilà une grande question de biologie qui n'a pas vraiment de réponse : chez les animaux, copuler augmente-t-il le risque de se faire manger par un prédateur ? Les scientifiques pressentent que la réponse est un « oui » car faire la bête à deux dos cumule trois handicaps : on est un peu occupé et la vigilance baisse ; même collés l'un à l'autre, on est plus visible à deux qu'à un seul ; et une fois que le mâle a grimpé sur la femelle, les stratégies de fuite deviennent tout de suite moins efficaces… Voilà pour les arguments théoriques. Mais les biologistes doivent bien reconnaître qu'ils manquent d'exemples concrets pour les éprouver.

Thérèse, la mouche qui meurt quand on la « bzz »

> « Si les mouches ne faisaient que marcher, tout irait bien pour elles. Leur problème, c'est qu'elles forniquent. »

C'est dans un numéro de juillet 2012 de la revue *Current Biology* qu'une équipe allemande a apporté une confirmation à cette hypothèse, tout en résolvant une énigme, celle de la mouche et du vespertilion de Natterer. Autant la première bestiole est connue de tous, autant la seconde mérite une description. Il s'agit d'une petite chauve-souris insectivore de nos contrées, qui ne pèse qu'une poignée de grammes. Il y a énigme car si on sait que les mouches constituent son plat favori, on ignorait jusqu'à présent comment elle les repérait. En effet, les détecter grâce au système d'écholocation des vespertilions s'avère une mission impossible : le faible écho renvoyé par une mouche posée ressemble à un parasite sur le sonar des chauves-souris. Même quand les diptères marchent, ce déplacement ne déclenche pas l'attaque des chiroptères. Les chercheurs allemands en ont eu la preuve en équipant de caméras infra-rouge une étable peuplée de vespertilions. Pendant treize nuits étalées sur quatre ans, ils ont comptabilisé 8 986 mouches marchant au plafond – il faut être précis et patient en science – et aucune n'a été prise pour cible.

Si les mouches ne faisaient que marcher, tout irait bien pour elles. Leur problème, c'est qu'elles forniquent. Et, selon cette étude, une fois sur vingt, c'est à ce moment-là que les mammifères ailés leur tombent dessus, avec une précision et une efficacité assez impressionnantes puisque, dans presque 60 % des cas, M. et Mme Mouche se font avaler dans un très joli coup double. Restait à comprendre comment ils étaient repérés. Supposant d'abord que la plus grande taille du duo favorisait leur localisation grâce au sonar, les chercheurs ont placé trente-cinq couples de mouches mortes en position de copulation – probablement en se demandant comment ils résumeraient leur journée lors du dîner en famille – et ils ont attendu. Rien ne s'est passé et le mystère s'est épaissi.

Jusqu'à ce que ces biologistes s'aperçoivent que la mouche mâle, une fois montée sur la femelle, émettait en battant des ailes une très particulière rafale sonore de « clics » qui, à nos oreilles, se traduirait par un léger « bzz » de moins de trois secondes. Le temps de dire « Oh oui ! Oh oui ! Oh oui ! Oh toi, toi, toi ! ». Pour s'assurer que c'était bien ce bruit qui provoquait l'attaque des vespertilions, les biologistes l'ont enregistré puis diffusé dans l'étable. Les chauves-souris se sont alors mises à voleter autour du haut-parleur, l'ont inspecté et ont même tenté d'en grappiller un morceau. D'après l'étude, elles ne réagissent qu'au bourdonnement des mouches qui s'accouplent et pas à celui des mouches qui volent.

Jusqu'ici on connaissait les voyeurs. Il y a désormais les entendeurs. La mouche Thérèse, tais-toi quand tu « bzz ».

Digérez-vous bien les musaraignes entières ?

Mais que vient faire cette bestiole dans ma fouille ? Comment, lorsque l'on est archéologue, interpréter les ossements des petits animaux que l'on retrouve çà et là ? Étaient-ils ici par hasard ? Sont-ils mort accidentellement ou bien un prédateur leur a-t-il fait un sort ? Ont-ils été mangés ensuite, et si oui, par qui ? Les sociétés anciennes mettaient-elles rats, oiseaux, lézards, grenouilles ou musaraignes à leur menu, comme certains coprolithes le suggèrent ? Ce petit tas d'os a-t-il transité par l'un de nos ancêtres ?

La science a parfois le chic pour poser des questions bizarres. La science improbable a le culot de leur trouver une réponse. C'est ainsi qu'en 1995, dans le *Journal of Archaeological Science*, deux anthropologues américains, Brian Crandall et Peter Stahl, se sont attaqués au problème décrit plus haut : qu'advient-il au squelette d'un petit mammifère lorsqu'il a traversé, d'un bout à l'autre, le système digestif d'un *Homo sapiens* ? Le mieux est encore d'essayer, se sont dit ces chercheurs. L'étude ne précise pas lequel des deux a été volontaire. Elle remercie simplement l'involontaire grande musaraigne à queue courte (une espèce nord-américaine) qui a donné son corps à la science après avoir été attrapée dans un piège.

Voici donc la recette pour expérimenter les effets de la digestion humaine sur les os d'un insectivore. Prenez, d'un côté, un chercheur mâle en bonne santé. Prenez, de l'autre

Digérez-vous bien les musaraignes entières ?

« Trois jours durant, récupérez les selles du chercheur, déposez-les dans une casserole d'eau chaude et remuez-les doucement pour les déliter. »

côté, une musaraigne, mâle elle aussi, mais réduite à l'état de cadavre. Ne pas se tromper dans les ingrédients : l'inverse ne fonctionnerait pas. Commencez par dépecer la petite bête et débarrassez-la aussi de ses viscères. Faites-la bouillir pendant deux minutes mais pas davantage car cela risquerait de séparer les chairs du squelette. Coupez-la en quelques morceaux (pattes, tête, reste du corps).

Vous aurez préparé le chercheur en lui faisant ingérer, quelques heures avant, une portion de maïs et de graines de sésame, afin de créer dans ses futures selles un marqueur du début de l'expérience. Servez-lui sa musaraigne bouillie, en lui précisant bien de l'avaler sans mâcher, afin que ses dents n'abîment ni ne broient aucun des os de l'animal. Quelques heures après ce frugal repas, redonnez-lui une dose de maïs et de sésame, pour créer un marqueur fécal de fin d'expérience (les archéologues aiment les stratifications en tout genre). Laissez digérer. Trois jours durant, récupérez les selles du chercheur, déposez-les dans une casserole d'eau chaude et remuez-les doucement pour les déliter. Filtrez le tout dans une étamine à fromage. Rincez le reliquat, récupérez minutieusement les petits os et plongez-les dans de l'alcool pour les conserver avant l'examen. Enfin, identifiez les restes au microscope.

Au terme des trois jours, plus aucun ossement n'est sorti du chercheur. Et pourtant, il en manquait beaucoup. Presque toutes les dents avaient disparu, ainsi que de nombreux os des bouts des pattes. Une seule vertèbre sur 31 avait « survécu ». En conclusion de cette étude, les auteurs ont leur réponse à la question : l'environnement acide de l'estomac humain se comporte en désintégrateur de squelette pour les petits animaux gobés tout rond. Crandall et Stahl se demandent néanmoins comment des os plutôt solides comme les fémurs ont pu être digérés et suggèrent que d'autres recherches se penchent sur la question. Qui veut manger des pattes de rat ?

Retrouvez également

978-2-10-049947-2

978-2-10-052265-1

978-2-10-057251-9

978-2-10-051914-9

978-2-10-057305-9

58533 - (I) - (3) - OSB 90° - ARC - API
Imprimerie CHIRAT - 42540 Saint-Just-la-Pendue
Dépôt légal : mars 2013
N° 201302.0143

Imprimé en France